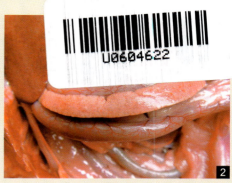

1. 禽流感：肿头、流泪

2. 禽流感：胰脏圆点状坏死

3. 鸭病毒性肝炎：肝脏斑点状出血

4. 鸭病毒性肝炎：角弓反张

5. 番鸭细小病毒病：纤维素性浮膜性肠炎

6. 番鸭细小病毒病：小肠中后段膨大

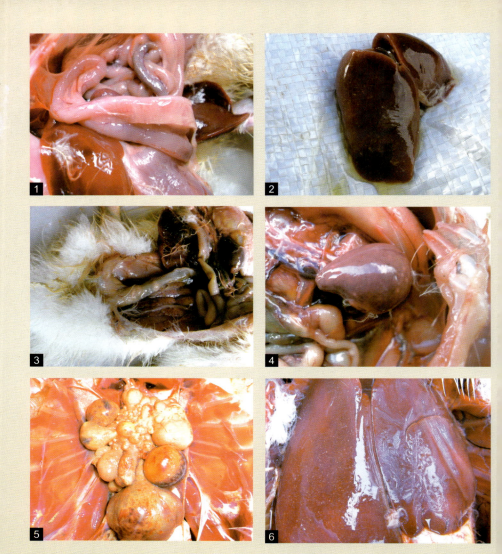

1. 番鸭细小病毒病：胰脏灰白色坏死点
2. 番鸭花肝病：肝脏表面灰白色坏死点
3. 番鸭花肝病：肠壁有灰白色坏死灶
4. 番鸭花肝病：脾脏肿大，出现坏死点
5. 鸭坦布苏病毒病：卵泡出血、萎缩
6. 禽霍乱：肝脏表面针尖状灰白色坏死点

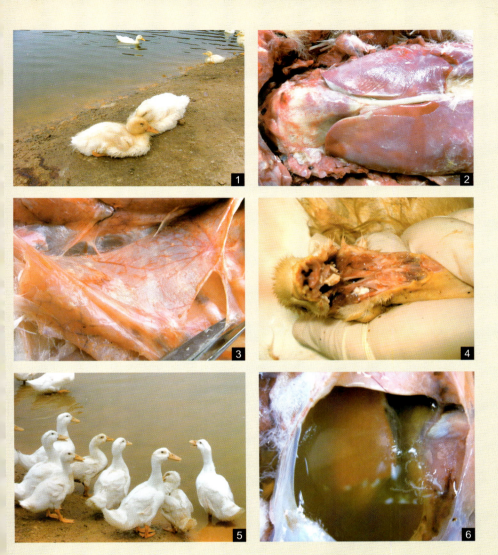

1. 鸭疫里默氏杆菌病：嗜睡、软脚

2. 鸭疫里默氏杆菌病：心脏、肝脏覆盖纤维素性渗出物

3. 鸭疫里默氏杆菌病：纤维素性气囊炎

4. 鸭疫里默氏杆菌病：鼻窦渗出物

5. 大肠杆菌病：嗜睡，眼、鼻有分泌物

6. 大肠杆菌病：腹水

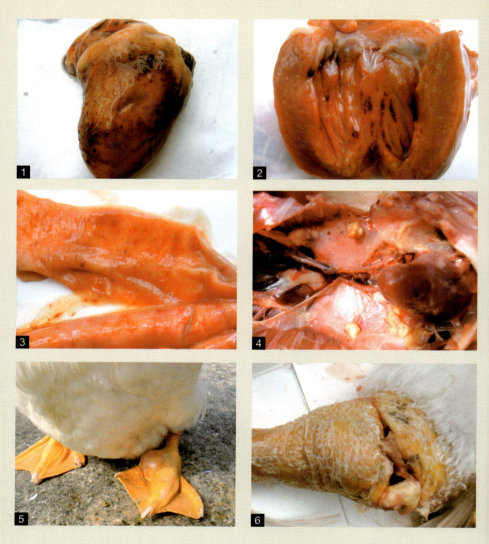

1. 禽霍乱：心冠脂肪及心外膜出血
2. 禽霍乱：心内膜出血
3. 禽霍乱：小肠黏膜出血
4. 鸭曲霉菌病：肺有灰白色结节
5. 葡萄球菌病：关节肿大
6. 葡萄球菌病：关节内渗出物

鸭病
诊治实用技术

YABING ZHENZHI SHIYONG JISHU

蔡 弋 黄得纯 编著

中国科学技术出版社
·北京·

图书在版编目（CIP）数据

鸭病诊治实用技术 / 蔡弋，黄得纯编著 . —北京：
中国科学技术出版社，2018.1

ISBN 978-7-5046-7829-4

Ⅰ. ①鸭… Ⅱ. ①蔡… ②黄… Ⅲ. ①鸭病—诊疗
Ⅳ. ① S858.32

中国版本图书馆 CIP 数据核字（2017）第 288956 号

策划编辑	王绍昱	
责任编辑	王绍昱	
装帧设计	中文天地	
责任校对	焦　宁	
责任印制	徐　飞	

出　　版	中国科学技术出版社	
发　　行	中国科学技术出版社发行部	
地　　址	北京市海淀区中关村南大街16号	
邮　　编	100081	
发行电话	010-62173865	
传　　真	010-62173081	
网　　址	http://www.cspbooks.com.cn	

开　　本	889mm×1194mm　1/32	
字　　数	130千字	
印　　张	5.375	
彩　　页	4	
版　　次	2018年1月第1版	
印　　次	2018年1月第1次印刷	
印　　刷	北京威远印刷有限公司	
书　　号	ISBN 978-7-5046-7829-4 / S・709	
定　　价	20.00元	

Contents 目 录

第一章
鸭病诊治基础知识

一、鸭病流行现状

我国水禽养殖量世界第一，是世界水禽生产和消费大国。据相关统计报道，我国水禽业总产值已超过 1 000 亿元，2014 年年生产鸭肉 700 万吨，2015 年生产鸭蛋 422 万吨。我国目前的肉鸭、蛋鸭和肉鹅产业集中在经济相对发达的华东、华南和西南部分地区。山东、四川、江苏、安徽、浙江、湖南、湖北、江西、广西、福建、河南、广东、河北、重庆等 14 个省、直辖市、自治区的肉鸭年出栏量、蛋鸭存栏量约占全国总量的 90% 以上。伴随而来的鸭病问题也越来越突出，具体表现如下：

第一，新传染病不断出现。

自 20 世纪 80 年代以来，我国水禽养殖业发展迅速，水禽养殖规模不断扩大，随着水禽养殖量的不断增长，新传染病也不断出现，严重威胁水禽产业健康发展。主要表现在以下几方面：

（1）病原对水禽致病性改变，形成水禽新传染病。如对鸡敏感的禽流感病毒病也感染水禽，形成水禽禽流感。以蚊子为宿主的坦布苏病毒感染鸭，形成鸭坦布苏病毒病；对鸡敏感的新城疫和腺病毒也能感染水禽；对鹅和番鸭敏感的鹅细小病毒感染樱桃谷鸭等。还有其他的病毒病如番鸭白点病、鸭病毒性肝炎、肉鸭短喙与侏儒综合征、肉鸭心包积液综合征等；细菌病有鸭传染性浆膜炎。

（2）我国新出现国外已报道的病原，成为新的传染病。如在国外报道鸭疫里默氏杆菌的多个血清型在我国都相继有所报道。2014年我国也出现鸭新的传染病鸭短喙与侏儒综合征，该病1971年、1995年分别在法国和波兰已有报道，该病病毒属于小鹅瘟病毒西欧分支，主要引起樱桃谷鸭和半番鸭发病。

（3）国内新病原引起的新传染病。如鸭肝炎病毒的新型基因的出现。以呼肠孤病毒为例，基因2型出现鹅出血性坏死性肝炎、番鸭新肝病、北京鸭脾坏死病等疾病。

第二，病毒血清型众多。

病毒血清型众多，某些疾病不同年份血清型分布也不尽相同，且许多病原在全国多地发病。1955年马来西亚在蚊子体上发现坦布苏病毒，当时未见与疾病的相关性报道；2003年泰国自鸭血清中发现坦布苏病毒时，也未见与疾病的相关性报道；但是2010年，我国的蛋鸭、肉种鸭、种鹅却发生坦布苏病毒病，随后坦布苏病毒病在全国14个省份均检测出。水禽星状病毒在8个地区检测出，呼肠孤病毒基因2型也在8个地区检测出病毒，而鹅副粘病毒病在多达18个地区报道过。

第三，病原感染宿主范围广。

很多疾病如禽流感、鸭疫里默氏杆菌、大肠杆菌、呼肠孤病毒等病毒都可以在各种水禽中发现。坦布苏病毒的感染宿主范围较广，不仅鸭鹅、蚊子、麻雀体内能检测到，人的血清抗体也呈现阳性。

第四，病原感染和传播途径多样。

水禽病原大多可经粪便排毒，带毒鸭苗、鹅苗、青年蛋鸭的调运或病原污染，极易成为水禽病原在我国大范围的快速传播的渠道。对鸭病的防控除了依靠疫苗，还要对病死禽和粪污实施有效处理，鸭苗的流通等环节采取切实可行的防范措施，才能更好控制疾病的传播。

第五，胚源性疾病、中毒病常出现。

近年来，虽然养鸭业发展迅速，但集约化的祖代、父母代种鸭场发展相对滞后，在生产中占主流的孵化厂的消毒防疫措施不到位，有的孵化场从四面八方收集种蛋进行孵化，种蛋来源复杂，种鸭群的防疫背景不清楚，不仅造成鸭苗的母源抗体水平参差不齐，甚至携带有蛋传播疾病，使雏鸭育雏工作难度增大，小鸭疫病复杂，成活率低。在饲养管理方面，营养不全面，药物使用不合理，在生产中出现的药物中毒问题。不仅造成的生产损失。而且还给人类带来存在药物残留的危害。

针对鸭病现状，应彻底贯彻"预防为主、防重于治"的方针，对鸭瘟、病毒性肝炎、细小病毒病等病毒病，制定切实可行的免疫程序，做好预防接种工作，在稳定控制病毒性疾病的基础上，最大限度地减少细菌性疾病造成的损失，采用合理的免疫和用药相结合的策略，加强饲养管理工作。减少营养、代谢性疾病和中毒性疾病的发生，提高鸭群的整体抗病能力。加强种鸭场、孵化场的管理工作，做好种鸭群的免疫，尽量减少蛋传递疫病的传播，为养殖户提供优质的种苗。加强对基层兽医工作者以及普通养殖户的管理，定期组织培训学习，对养殖场建立防疫制度并进行监控，做到建场选址正确，饲养管理合理，疫病防疫完善。加强科研工作，对一些新发疫病，以及困扰生产的重要疫病，组织专家或成立专门实验室进行突破研究，使新发鸭病能及时有效的防治。

二、鸭病分类

鸭病发生的原因有两大类：一类是由具有传染性的生物因素引起的包括由病毒、细菌、支原体、真菌等引起的传染病和寄生虫引起的寄生虫病，另一类是由没有传染性的非生物因素引起的，包括营养代谢病、中毒病与管理因素有关的其他疾病，一般统称为普通病。

（一）传　染　病

传染病是由病原微生物侵入鸭体，可以在个体或群体间传播的一类疾病。有的由病毒引起，如鸭瘟、鸭流感、雏鸭病毒性肝炎等；有的由细菌引起，如鸭霍乱、鸭沙门氏菌病等。

1. 传染病发展过程

一般可分为4个阶段，即潜伏期、前驱期、明显（发病）期和转归期。

（1）潜伏期　病原微生物侵入机体并进行繁殖时起，到出现临诊症状为止，这段时间称潜伏期。

（2）前驱期　潜伏期过去以后即转入前驱期。

（3）明显期　又称发病期，表现出该种传染病的特征性的临诊症状的时期。

（4）转归期　又称恢复期，动物体的抵抗力得到改进和增强，但如果病原体的致病性增强，或动物机体的抵抗力减弱，则动物可发生死亡。

2. 传染病流行过程基本环节

传染病流行过程必须具备三个基本环节：传染源、传播途径和易感动物，这三个环节同时存在并相互联系使传染病形成流行。三个环节如果缺乏任一环节，或阻断任两者的相互联系，传染病流行就会被切断，也就流行不起来。

（1）传染源　传染病的病原体在其中寄居、生长、繁殖，并能向外界排出病原体的动物机体称为传染源。传染源有患病动物和带菌（毒）动物，带菌（毒）动物也是危险的传染源。

（2）传播途径　病原体从传染源排出后，经过一定的方式再侵入健康动物所经过的途径，称为传染病的传播途径。传播途径分为水平传播和垂直传播。

（3）易感动物　指对传染病病原体抵抗力差、易受病原体感染的动物。

（二）寄生虫病

寄生虫病是寄生虫侵入鸭体，不断吸取机体营养并不断地分泌毒素，扰乱其正常的生理功能，致使鸭发生营养不良、贫血、消瘦、甚至死亡的一类疾病，如鸭球虫病、鸭组织滴虫病、鸭绦虫病、鸭线虫病等。

（三）营养代谢病

营养代谢病是随着现代化养鸭业的发展而出现的各种营养代谢性疾病，主要由于营养物质缺乏或过多，引起鸭营养物质平衡失调，导致新陈代谢障碍，从而造成鸭发育不良，生产能力下降和抗病能力降低，甚至危及生命的一类疾病。

（四）中　毒　病

中毒病主要有霉菌和肉毒梭菌毒素中毒，以及食盐、农药、杀虫剂、灭鼠药和药物过量等而引起的中毒。

三、鸭病常见诊断技术

（一）病史调查

对于发病的鸭群要做出正确的诊断。首先要了解并记录发病鸭群的一些具体情况，发病鸭群的品种、日龄、免疫程序、抗体滴度及均匀度；若已用药物治疗，则了解药品名称、生产厂家、用药剂量、用药时间；鸭场的病史、鸭场的布局等。

（二）临床诊断

根据发病鸭群的发病时间、发病率、死亡率，病鸭的体温及精神状况，采食量、饮水量、粪便等临床症状进行诊断。

观察鸭群的身体状态（鸭的营养状况、生长发育情况、体质的强弱等），鸭的精神状态、体态、姿态和运动的行为，鸭的羽毛、皮肤、眼睛有无异常，观察鸭的某些生理活动有无异常，再结合鸭的粪便的观察，进行鸭病的初步诊断。同时还可以结合用手或其他简单的检查工具接触鸭的体表及鸭的某些器官。根据感觉有无异常来判断鸭有无疾病的发生。

1. 营养状态和精神状态

营养供应充足的鸭群表现为生长发育基本一致。如鸭群生长发育偏慢，则可能是饲料营养不全或者是饲养管理不当所致；如鸭群出现大小不一的现象，可能鸭群中有慢性疫病的流行。

健康鸭群的精神状态一般表现为行走有力、敏捷，食欲旺盛，翅膀收缩有力，紧贴躯体，敏感性强。在发生某些疾病时表现精神不振，缩颈垂翅，离群，怕动，闭目呆立，羽毛蓬松，采食减少或停止，在进行触诊表现为鸭的体温高；濒临死亡的病鸭表现为精神萎靡，体温下降，缩颈闭眼，蹲地伏卧，不能站立等。

鸭的羽毛的状态是反映鸭的健康状态的一个重要指标。健康鸭的羽毛紧凑、平整、光滑。当鸭患有慢性传染病、营养代谢性疾病和寄生虫病时，表现为羽毛蓬松、没有光泽、污秽等。羽毛稀少，常见于烟酸、叶酸等的缺乏症，也常见于维生素 D、泛酸的缺乏症；当鸭患有 B 族维生素缺乏症和饲料中的含硫氨基酸不平衡时常表现为羽毛松乱脱落；头颈部羽毛脱落见于泛酸缺乏症；羽毛断裂或脱落常见于鸭外寄生虫病，如羽螨和羽毛虱等。

2. 运动状态

健康的鸭群行走有力，反应敏捷。当鸭患有急性传染病和寄生虫病时，鸭行走摇晃，步态不稳，如患有鸭瘟、球虫病及严重的绦虫病、吸虫病等；当鸭患有佝偻病或软骨症及葡萄球菌关节炎时，表现为行走无力，行走间常呈蹲伏姿势，并有痛感当鸭出现营养缺乏症时，表现为走路摇晃，出现不同程度的"O"形或者"X"形外观或运动失调倒向一侧，如缺乏胆碱、叶酸、生物素等；如果雏鸭缺乏维生素 E、维生素 D 和患有鸭传染性浆膜炎、雏鸭病毒性肝炎时，则表现出运动失调、跗关节着地等症状；当鸭缺乏 B 族维生素时，表现为两肢不能站立，仰头蹲伏呈观星姿态；当雏鸭缺乏维生素 B_2 和维生素 A 时，常表现为两肢麻痹、瘫痪、不能站立。

当鸭群患有鸭瘟、雏鸭霉菌性脑炎、鸭传染性浆膜炎等病时，常出现扭颈、头颈震颤、角弓反张等神经症状。头颈麻痹，见于鸭肉毒梭菌毒素中毒。

3. 呼吸状态

正常的鸭群呼吸几乎没有声音，并且叫声响亮，当鸭群患有鸭曲霉菌素病、鸭传染性浆膜炎、鸭李氏杆菌病、鸭铔球菌病、大肠杆菌病和鸭流感等，临床上常表现为气喘、呼吸困难等。当鸭群患有某些寄生虫病时也可出现这样的症状。当鸭患有慢性鸭瘟、鸭流感、鸭结核病等疾病的晚期和某些寄生虫病（如鸭气管内的吸虫病）时，表现为叫声嘶哑、无力等症状。

4. 头部状态

（1）眼睛　健康鸭的眼睛饱满、湿润、反应灵活。当鸭眼球下陷，多见于某些传染病（如大肠杆菌、鸭副伤寒等）、寄生虫病（如鸭的吸虫病、绦虫病）等引起腹泻；眼结膜充血、潮红、流泪，眼睑水肿等症状，多见于鸭霍乱、鸭副伤寒、嗜眼吸虫病、鸭眼线虫病及维生素 A 缺乏症；眼结膜苍白常见于鸭绦虫病、慢性鸭瘟、棘口吸虫病等；虹膜下形成黄色干酪样小球，角膜中央溃疡，多见于曲霉菌性眼炎；角膜浑浊或形成溃疡，多见于慢性鸭瘟和嗜眼吸虫病；眼睛有黏性或脓性分泌物，多见于鸭瘟、鸭副伤寒、雏鸭病毒性肝炎、大肠杆菌眼炎及其他细菌或霉菌引起的眼结膜炎；眶下窦肿胀，内有黏液性分泌物或干酪样物质，多见于鸭流感和衣原体病；眼结膜有出血斑点，多见于鸭霍

乱、鸭瘟等；角膜浑浊，流泪，多见于鸭衣原体眼炎和维生素 A 缺乏症；部分病鸭眼眶上方长出一个绿豆到黄豆大小、质地稍硬的瘤状物，多见于鸭曲霉菌病。

（2）**鼻腔** 鸭的鼻孔有浆液性或黏液性分泌物流出，主要是由鸭大肠杆菌、鸭霍乱、鸭流感、鸭传染性浆膜炎、支原体病、衣原体病等引起的；当鸭患有维生素 A 缺乏症时，常表现为鼻腔内有乳状或豆渣状物质。

（3）**口腔** 鸭口腔黏膜有黄色、干酪样假膜或溃疡，有的甚至蔓延到口腔外部。嘴角形成黄白色假膜，主要是鸭霉菌性口炎的临床症状；口腔流出水样浑浊液，多见于鸭瘟、鸭东方杯叶吸虫病；口腔黏膜有白色针尖大小的结节或炎症，主要是由雏鸭维生素 A 缺乏，烟酸缺乏或由于鸭采食被蚜虫等寄生虫污染的青绿饲料所引起的；当鸭表现为口腔流涎的症状，多是由于鸭农药中毒所致；口腔内有刺激性气味，多见于有机磷农药所引起。

（4）**喙** 鸭喙颜色发紫，多是鸭霍乱、鸭维生素 E 缺乏症的症状；喙颜色变浅，多见于营养代谢性疾病（如维生素 E、硒缺乏等）和某些慢性寄生虫病（如鸭绦虫病、吸虫病）；喙变软，易扭曲，多见于雏鸭的钙磷缺乏、维生素 D 缺乏或氟中毒。

5. 肢体状态

（1）**腿部** 鸭的关节肿胀、关节囊内有炎性渗出物，触摸时关节热，并有痛感，多见于鸭的葡萄球菌、大肠杆菌等引起的疾病，有时慢性鸭霍乱、鸭传染性浆膜炎等也有这种症状的出现；鸭蹼干燥或有炎症，多是由于 B 族维生素缺乏症及各种慢性腹泻的疾病所引起；蹼颜色变紫，多见于维生素 E 缺乏症、卵黄性腹膜炎；蹼趾爪蜷曲或麻痹，多是由于鸭的钙磷代谢障碍和维生素 D 缺乏症；跗骨变软、易折断，多见于软骨病、佝偻病等。

（2）**腹部** 鸭腹围增大，多见于肉仔鸭腹水综合征、成年鸭的淀粉样病变、鸭的卵黄性腹膜炎；腹围缩小，多见于某些慢性传染病（如慢性鸭副伤寒、慢性鸭瘟）和寄生虫病（如鸭绦虫病等）。

（3）**肛门和泄殖腔**　鸭肛门周围有稀粪粘连，多是由于鸭的副伤寒、鸭瘟、鸭传染性浆膜炎、大肠杆菌病等引起的；鸭的肛门周围有炎症、坏死等症状多见于慢性泄殖腔炎等，如果泄殖腔炎严重则出现肛门外翻、泄殖腔脱垂等症状。

6. 鸭粪便

鸭的粪便状态可以反映鸭的健康状态。当鸭群出现腹泻，可见于鸭副伤寒、鸭传染性浆膜炎、鸭绦虫病等；在某些营养代谢病和中毒病如维生素 E 缺乏、有机磷农药中毒等也可引起鸭的腹泻。粪便稀薄、呈青绿色，可见于鸭传染性浆膜炎、鸭肉毒梭菌毒素中毒。鸭细小病毒病粪便为灰白色或淡绿色，并混合脓状物的稀粪。粪便稀薄呈灰白色并混有白色米粒样物质，可见于鸭的绦虫病；粪便稀薄并混有暗红色或深紫色血黏液，常见于鸭球虫病、鸭霍乱等。粪便呈血水样，常见于球虫病，有时磺胺类药物中毒也出现这种症状。

（三）病理剖检

将病死鸭进行剖检，根据其皮下组织、肌肉、内脏等各器官的病变进行诊断。病理剖检诊断要点如下：

1. 呼吸系统

（1）**气管**　气管、支气管有黏液性渗出物，多由鸭瘟、曲霉菌病、支原体病等引起；气管内和支气管内有寄生虫存在，则可能是由于鸭嗜气管吸虫病或支气管杯口线虫病所引起的。

（2）**肺、气囊**　一般肺实质有淡黄色小结节，气囊有淡黄色纤维素渗出物或结节，或者有灰黑色或淡绿色霉斑，是由鸭霉菌病所引起；肺肉变或有肉芽，多见于大肠杆菌病和沙门氏菌病引起；出现肺水肿、淤血，多见于大肠杆菌败血症、鸭霍乱；出现厚而湿润的纤缩性渗出物，常见于大肠杆菌病、鸭副伤寒、衣原体病、支原体病、鸭流感、鸭传染性浆膜炎等。

2. 消化系统

（1）**食道**　鸭的食道一般不发生病变，如果食道的下部黏膜出现灰黄色假膜、结痂，用手术器械剥去假膜，下面有出血或溃疡，这是鸭瘟的特征病变；食道黏膜有许多白色小结节，多见于鸭维生素 A 缺乏症；口腔、咽部和食道黏膜有白色假膜和溃疡，多见于白色念珠菌口炎。

（2）**胃**　多种鸭的慢性疾病都可引起胃部的病变，一般表现为胃空虚、角质膜变绿等病变，但有些疾病则有其特征性的病变。例如：腺胃黏膜及乳头出血，多见于鸭霍乱；腺胃壁摧厚，黏膜出血并形成溃疡或坏死，主要是鸭四棱线虫感染所引起的；腺胃与肌胃的交界处有出血点，是鸭螺旋体病的特征性病变；肌胃角质易脱落，角质膜下有出血斑点或溃疡，多见于鸭瘟、鸭李氏杆菌等。

（3）**肠　管**

小肠：小肠是肠道最长的部分，可分为十二指肠、空肠和回肠。小肠内寄生着大量的蠕虫，如绦虫、蛔虫等。小肠黏膜粗糙，肠管增粗，并有大量出血点和灰白色坏死点，多见于鸭球虫病；鸭患有急性败血性传染病如鸭霍乱、大肠杆菌、鸭副伤寒等，主要表现为小肠黏膜呈急性卡他性或出血性炎症；整个肠道黏膜出血、溃疡，常见于鸭棘头虫病；肠壁上生成许多大小不等的结节，常见于鸭的结核病、棘头虫病；肠道某段出现出血发紫，并且肠腔内有黏液或有暗红色血凝块，则是由肠系膜疝或肠扭转所引起的。

大肠：大肠主要包括盲肠和直肠。有些急性传染病、寄生虫病等可引起盲肠的病变，如鸭霍乱、鸭副伤寒、鸭球虫病、大肠杆菌病等，使盲肠及扁桃体肿大、出血；盲肠出血、肠腔黏膜光滑，直肠腔内有血便，常见于磺胺药中毒；盲肠内有凝固性栓塞，常见于慢性副伤寒。

（4）**肝脏、胆囊**　肝脏是动物机体脂肪代谢的主要场所，许多的疾病都可引起肝的病变，并且有许多疾病的特征性病变在肝脏。

　　肝脏肿大、硬化，表面粗糙不平或有白色针尖病灶，常见于慢性黄曲霉毒素中毒；肝脏肿大，有结节状增生病灶，多见于鸭肝癌；肝脏肿大，呈淡黄色脂肪变性，切面有油腻感常见于鸭脂肪肝综合征；肝脏极度肿大（可增加到原来的2～3倍），质地较硬，见于鸭的淀粉样病变。有许多疾病所引起的鸭的肝部病变相似，如急性鸭霍乱、大肠杆菌、鸭副伤寒、鸭瘟、衣原体病、螺旋体病、鸭链球菌病等可引起肝脏肿大、淤血，表面散布或密布小胡死灶；肝脏肿大，呈青铜色或古铜色或墨绿色，同时伴有坏死点，常见于鸭链球菌病、大肠杆菌病、鸭副伤寒等疾病；肝脏肿大，有出血点，常见于鸭病毒性肝炎、鸭霍乱及呋喃唑酮（痢特灵）药物中毒等。

　　许多慢性疾病可引起胆囊病变，如鸭绦虫病、吸虫病等可引起胆囊缩小，胆汁少，颜色变浅，胆囊黏膜水肿；某些急性传染病可引起胆汁颜色变成墨绿色，胆囊充盈肿大，如鸭瘟、鸭霍乱、鸭病毒性肝炎，以及一些胆囊寄生虫病如鸭后睾吸虫病等。

　　3. 腹腔、胸腔

　　鸭的腹腔内，尤其在内脏器官表面有一种石灰物质沉着，是鸭内脏型痛风的特征性病变；腹腔内有一种淡黄色、黏稠的渗出物附着在内脏器官的表面，多见于大肠杆菌、沙门氏菌和巴氏杆菌等引起的卵黄性腹膜炎；腹腔器官表面有许多菜花样增生或有许多小结节，多见于大肠杆菌肉芽肿、鸭结核病等。胸腔积液，多见于肉鸭的腹水综合征。

　　4. 其他器官

　　（1）心脏　鸭的多种疾病可引起心脏的病变，如鸭霍乱、鸭瘟、大肠杆菌病，衣原体病及一些中毒性疾病如食盐中毒等，使鸭的心包积液有纤维素渗出物。心肌缩小、心冠脂肪变成透明胶冻样，多见于慢性传染病（如结核病）或严重寄生虫病感染引起的心肌严重营养不良；心肌有灰白色坏死或小结节，或者出现肉芽肿样病变等，多是由急性传染病（如鸭霍乱、鸭瘟、大肠杆菌败血症、肉毒梭菌毒素中毒）和一些中毒病（如食盐中毒、棉籽饼中毒等）引起。

（2）**脾脏**　脾脏肿大是很多数鸭病的病理表现，如大肠杆菌败血症、鸭副伤寒、螺旋体病、鸭传染性浆膜炎、淋巴白血病等，除脾髓肿大外，还表现为表面有坏死灶或出血点。但有些脾脏的病理变化是某些疾病特有的，如脾脏肿大，表面有大小不等的肿瘤结节（有的脾脏大如鸽蛋），见于淋巴白血病；脾脏有灰白色或黄色结节，见于鸭的结核病。

（3）**腺体**　某些急性传染病（如鸭瘟、鸭霍乱、鸭传染性浆膜炎）、寄生虫病等表现为胸腺肿大，出血；胸腺萎缩多由于鸭的营养缺乏症引起。胰腺出现肉芽肿，常见于鸭的大肠杆菌病和沙门氏菌病；而胰腺萎缩，腺细胞内有空泡形成，并有透明小体，是鸭维生素 E 和硒缺乏的特有症状。急性败血型传染病（如鸭病毒性肝炎、鸭霍乱、大肠杆菌败血症、鸭副伤寒、鸭传染性浆膜炎）、中毒性疾病（如鸭的肉毒梭菌毒素中毒等）常见的病理变化为胰腺肿大、出血、坏死。

（4）**肾脏**　大多数疾病可引起鸭肾脏病变，如肾脏肿大，表面有白色尿酸盐沉淀，在肾脏的输尿管和。肾小管内有白色结晶，可能是由内脏型痛风、鸭副伤寒、磺胺药中毒、维生素 A 缺乏或钙磷等营养物质代谢障碍引起；一般肾脏肿大、淤血，常见于鸭的副伤寒、链球菌病、螺旋体病、食盐中毒等；肾脏颜色苍白，常见于鸭的副伤寒、严重期鸭绦虫病、吸虫病、球虫病及各种引起内脏出血的疾病。

（5）**繁殖器官**　母鸭的繁殖器官病变主要发生在卵巢和输卵管。卵子形态不整，皱缩干燥、变形，并且颜色也发生改变，主要是大肠杆菌病、副伤寒、鸭霍乱等疾病引起；卵子的外膜充血、出血，主要是由急性传染病引起，如鸭霍乱、鸭副伤寒等疾病，或者由某些中毒病如农药中毒等引起；输卵管内有凝固样物质（如腐败的蛋白、卵黄等），多见于鸭副伤寒和一些细菌引起的卵黄性腹膜炎等。

公鸭繁殖器官的病理变化主要发生在睾丸和阴茎。引起公鸭的生殖器官发生病变的疾病不多，并且这些病变都有对应着某一特定的疾病，如睾丸萎缩变性见于维生素 E 缺乏；一侧或两侧睾丸肿大或萎缩、睾丸组织有多个小坏死点，见于沙门氏菌病；阴茎脱垂、糜烂、红肿或有绿豆大小的小结节，甚至有不死的结痂，多见于鸭大肠杆菌病等。

（6）**脑及脑膜** 小脑软化、肿胀、有出血点或坏死，主要是有维生素 E 缺乏引起；大脑出现树枝状充血，并且有坏死点和水肿，多见于鸭脑型大肠杆菌病和沙门氏菌病；脑及脑膜有淡黄色结节，是鸭曲霉菌感染的独有症状。

（7）**肌肉** 肌肉中夹有白色的芝麻大小的梭状物，临床常见于葡萄球菌和链球菌等引起的肉芽肿；肌肉表面被覆有尿酸盐结晶是鸭内脏型痛风的特征症状；肌肉出血多见于维生素 E- 硒缺乏症或维生素 K 缺乏症。另外，一些引起鸭内出血的疾病，在剖检时表现为肌肉苍白。

（四）实验室诊断

实验室诊断是借助一定的设备、试剂、试验动物等对鸭病进行诊断。实验室的诊断是经过初步诊断后进行的有目的、有针对性的诊断，常用于鸭病的确诊。常见的实验室的诊断技术有：

1. 镜 检
包括寄生虫镜检、微生物的镜检、病理组织学镜检等。

2. 微生物学诊断
包括病原学诊断、血清学诊断、分子生物学诊断。

3. 饲料分析
鸭的营养代谢病常通过饲料营养成分的分析进行诊断。

4. 毒物检测

鸭的中毒病常通过毒物检测进行确诊。

对鸭病的诊断常由以上多种诊断综合分析最后确诊。

四、鸭病防治用药

（一）兽药基础知识

1. 兽药相关概念

（1）兽药 是指用于预防、治疗、诊断动物疾病或者有目的地调节动物生理机能的物质（含药物饲料添加剂）。主要包括：血清制品、疫苗、诊断制品、微生态制品、中兽药、中成药、化学药品、抗生素、生化药品、放射性药品及外用杀虫剂、消毒剂等。

（2）兽用处方药 是指凭兽医师写的处方方可购买和使用的兽药。

（3）兽用非处方药 是指由国务院兽医行政管理部门公布的、不需要凭兽医处方就可以自行购买并按照说明书使用的兽药。

2. 兽药类别简称

兽药类别简称有如下几类：

"兽药字"：为中药材、中成药、化学原料药及其制剂、抗生素、生化兽药、放射性兽药、外用杀虫剂和消毒剂等的类别简称。

"兽药生字"：为血清制品、疫苗、诊断制品、微生态制品等的类别简称。

"兽药添字"：为药物添加剂的类别简称。

3. 真假伪劣兽药的识别

（1）《兽药管理条例》第四十七条规定有下列情形之一的，为假兽药：

①以非兽药冒充兽药或者以他种兽药冒充此种兽药的；

②兽药所含成分的种类、名称与兽药国家标准不符合的。

有下列情形之一的，按照假兽药处理：

③国务院兽医行政管理部门规定禁止使用的；

④依照本条例规定应当经审查批准而未经审查批准即生产、进口的，或者依照本条例规定应当经抽查检验、审查核对而未经抽查检验、审查核对即销售、进口的；

⑤变质的、被污染的；

⑥所标明的适应证或者功能主治超出规定范围的。

（2）《兽药管理条例》第四十八条有下列情形之一的，为劣兽药：

①成分含量不符合兽药国家标准或者不标明有效成分的；

②不标明或者更改有效期或者超过有效期的；

③不标明或者更改产品批号的；

④其他不符合兽药国家标准，但不属于假兽药的。

4. 兽药常用剂型及优缺点

兽药常用的剂型按分散介质的不同，可分为液体、气体、固体、半固体和特殊剂型等，每一大类中又包括了许多不同的剂型。

（1）液体剂型　有注射剂、溶液剂、浇淋剂和喷滴剂、酊剂、煎剂、擦剂、流浸膏、合剂等。

①注射剂　又称针剂，是供注入体内的药剂，一般供肌肉、皮下、静脉注射用，按性状可分水针和粉针。水针包括药物溶液、混悬液、大输液、乳浊液。粉针是指供临用前配成溶液或混悬液的无菌粉针剂，对热或水不稳定、不宜内服的药物常制成粉针剂，如青霉素、链霉素、阿莫西林等。注射剂的优点是药效迅速、剂量准确、作用可靠、吸收快。缺点是注射给药不方便，易引起应激反应，工作量大。

②溶液剂　是将一种或几种药物溶解于适宜的溶媒制成的可供内服或外用的溶液。其优点是给药方便，生物利用度也较高。其缺点包装贮存及运输不方便，且有些药物制成溶液以后，稳定

性下降。

③浇淋剂和喷滴剂　用于杀虫药或驱虫药的透皮吸收药液，可沿动物背部浇泼或用专用器械喷滴体表。

④酊剂　是指用不同浓度乙醇浸制生药或溶解化学药物而制成的液体剂型，如龙胆酊、碘酊。

（2）固体剂型　包括可溶性粉剂、散剂、预混剂、颗粒剂、片剂、胶囊剂、丸剂等。

①可溶性粉剂　是由一种或几种药物与助溶剂、助悬剂等辅料组成的可溶性粉末，使用时加水成完全溶解的药液，主要以混饮方式给药，如盐酸环丙沙星可溶性粉、阿莫西林可溶性粉等。其优点是给药方便，便于包装、运输。其缺点是吸湿、受热易变质。

②散剂　是一种或多种经粉碎的药物均匀混合而成的一种干燥粉末，是应用广泛的一种药物剂型。适合于拌料或溶于水中给药。其优点是制法简单、吸收快，易于服用，便于运输。缺点是易吸湿，药物的有效成分易丢失。

③预混剂　是指一种或几种药物与适宜的基质均匀混合的药物饲料添加剂，常添加于饲料中。如杆菌肽锌预混剂、莫能菌素预混剂等。

④颗粒剂　指药物与赋形剂混合制成的干燥小颗粒状物，常用于内服、混饮等。

⑤片剂　指一种或几种药物与适宜的辅料混合，并经制剂技术制成圆形、三角形、椭圆形的片状，适用于内服。片剂剂量准确、质量稳定、机械化生产、服用方便，适宜于个体给药。缺点为某些片剂溶出速率及生物利用度差。

⑥胶囊剂　是将药物填充入空心硬胶囊或软胶囊而制成的剂型，对光或湿热敏感的药物制成胶囊可提高药物的稳定性。

⑦丸剂　是将一种或多种药物加适宜的辅料制成的球形或椭圆形内服固体制剂。

（3）气体剂型　指液体或固体药物，以气体为分散介质，利用雾化器喷出的微粒制剂，可供皮肤和腔道局部应用，或由呼吸道吸收后发挥全身作用，也可用作空间消毒、除臭和杀虫等。气雾剂使用方便，药物分布均匀，对创面可减小局部给药的机械刺激作用，剂量准确，奏效快，是近年来用于气雾免疫及治疗呼吸道疾病等的新剂型。

（4）半固体剂型　有软膏剂、浸膏剂、糊剂。

①软膏剂　指药物与适宜基质制成具有适当稠度的膏状外用剂型。

②糊剂　是一种含较大量粉末成分的软膏剂。

③浸膏剂　将生药浸出液浓缩成半固体或固体状后，再加入适量固体稀释剂，使每1克相当于2～5克生药。

5. 兽医处方格式及开具

2016年10月8日中华人民共和国农业部发布第2450号公告，农业部制定了《兽医处方格式及应用规范》，自发布之日起执行。凡与该规范不符的处方笺自2017年1月1日起不得使用。

农业部制定的《兽医处方格式及应用规范》包括基本要求、处方笺格式、处方笺内容、处方书写要求、处方保存五方面的内容。

（1）兽医处方：是指执业兽医师在动物诊疗活动中开具的，作为动物用药凭证的文书。

（2）执业兽医师开具兽医处方，需按照兽药使用规范，遵循安全、有效、经济的原则。

（3）执业兽医师在注册单位签名留样或者专用签章备案后，方可开具处方。兽医处方经执业兽医师签名或者盖章后有效。

（4）处方笺格式：从事动物诊疗活动的单位应当按照规定的规格和样式印制兽医处方笺或者设计电子处方笺。农业部规定兽医处方笺规格和样式如下：

兽医处方笺样式

×××××处方笺

动物主人 / 饲养单位＿＿＿＿＿＿＿＿＿＿＿＿＿ 档案号＿＿＿＿＿
动物种类＿＿＿＿＿＿＿＿ 动物性别＿＿＿＿ 体重 / 数量＿＿＿＿
年（日）龄＿＿＿＿＿＿＿＿ 开具日期＿＿＿＿＿＿＿＿＿＿＿＿

诊断：	Rp：

执业兽医师＿＿＿＿＿＿ 注册号＿＿＿＿＿＿ 发药人＿＿＿＿＿＿

注："×××××"为从事动物诊疗活动的单位名称。

　　兽医处方笺规格如下：

　　兽医处方笺分为两种规格，小规格为：长 210 毫米、宽 148 毫米；大规格为：长 296 毫米、宽 210 毫米。兽医处方笺一式三联，可以使用同一种颜色纸张，也可以使用三种不同颜色纸张。

（二）消毒防腐剂

　　消毒防腐剂是具有杀灭或抑制病原微生物生长繁殖的一类药物，可分为消毒剂和防腐剂。消毒剂是指能杀灭病原微生物的化学药物，主要用于环境、厩舍、动物排泄物、用具和手术器械等非生物表面的消毒。防腐剂是指能抑制病原微生物生长繁殖的化学药物，主要用于抑制生物体表如皮肤、黏膜和创面等的微生物感染，也用于食品及生物制品等的防腐。防腐剂和消毒剂是根据用途和特性来分类的，在两者之间并无严格的界限，低浓度的消毒剂仅能抑菌，而高浓度的防腐剂也能杀菌。由于有些消毒剂会损伤活组织，而防腐剂用于非生物体表时不起作用，因而两者不应替换使用。绝大部分消毒防腐剂只能使病原微生物的数量减少到公共卫生标准所允许的限量范围内。

常用的兽用环境消毒剂有酚类、醛类、碱类、酸类、卤素类、过氧化物类。

常用的兽用皮肤、黏膜防腐剂有醇类、表面活性剂、碘与碘化物、有机酸类、过氧化物类、染料类。

1. 酚类消毒剂

酚类是一种表面活性物质，可使病原微生物的蛋白变性、沉淀，而将细菌杀灭，酚类能杀死一般细菌和真菌，复合酚能杀灭芽孢、病毒和真菌。酚类化合物仅用于环境及用具消毒，目前销售的酚类消毒药大多含两种或两种以上具有协同作用的化合物，以扩大其抗菌作用。

常用的酚类消毒剂有苯酚、复合酚、甲酚皂溶液等。

①石炭酸　又名苯酚，为无色或淡红色针状结晶，有特臭，可溶于水，易溶于醇、甘油。水溶液显弱酸性反应，遇光或在空气中色渐变深。本品 0.1%～1% 溶液有抑菌作用，1%～2% 溶液有杀灭细菌和真菌的作用，5% 溶液能杀死炭疽芽孢。本品多用于用具、器械、环境的消毒。注意本品对动物及人有较强的毒性，已被更有效且毒性低的酚类衍生物所代替。

②复合酚　本品为由酚 41%～49%、醋酸 22%～26% 及十二烷基苯磺酸等配制而成的水溶性混合物。呈褐红色黏稠状，有特臭味。

本品配制成 0.3%～1% 水溶液喷洒于用具、器械、禽舍的消毒，可杀灭细菌、霉菌和病毒。1.6% 的水溶液常用于浸涤消毒。注意：稀释用水的温度应不低于 8℃。禁止与碱性药物或其他消毒药混用。

③甲酚皂溶液　又称来苏儿、煤酚皂溶液。本品含甲酚 50%，为黄棕色至红棕色的黏稠液体，有甲酚的臭味，能溶于水或醇中。

本品可杀灭一般繁殖型病原菌，对芽孢无效，对病毒作用不可靠。主要用于禽舍、用具与排泄物消毒。由于有臭味，不用

于肉品、蛋品的消毒。3%～5%浓度可用于禽舍、场地、器械、器具的消毒，10%浓度可用于排泄物和废弃污染物的消毒。

2. 醛类消毒剂

又称挥发性烷化剂。在常温、常压下很易挥发。常用的有甲醛、戊二醛、聚甲醛等。

①甲醛溶液　甲醛又称蚁醛，为无色气体，一般出售其溶液。40%甲醛溶液称福尔马林。甲醛溶液为无色或几乎无色的澄明液体，有刺激性特臭，能与水或乙醇任意混合。

本品不仅能杀死细菌的繁殖型，也能杀死芽孢，以及抵抗力强的结核杆菌、病毒及真菌等。主要用于厩舍、仓库、孵化室、皮毛、衣物、器具等的熏蒸消毒，消毒温度应在20℃以上。标本、尸体防腐，用5%～10%的溶液。对皮肤和黏膜的刺激性很强，但不损坏金属、皮毛、纺织物和橡胶等。注意：甲醛气体有致癌作用。

本品常与高锰酸钾合用熏蒸消毒，是禽舍常用和有效的一种消毒方法。其最大优点是甲醛气体不仅能杀灭空气中的病原微生物，还能均匀地渗入到禽舍的每个角落及细小的缝隙里，杀灭其中的病原微生物，消毒全面彻底，是禽舍消毒程序中重要的也是最后的环节。

熏蒸消毒操作方法：福尔马林与高锰酸钾用量按2∶1。禽舍消毒用量一般按福尔马林30毫升/米^3，高锰酸钾15克/米^{3}计算。因高锰酸钾易氧化，福尔马林易挥发，两者都要用前才称量。熏蒸消毒要求至少密闭24小时以上，如不急用，可密闭2周；如急用，可打开禽舍门窗，加强通风换气2天以上，等甲醛气体完全逸散后才使用。

为了确保消毒效果，熏蒸消毒时应注意如下几点：

一是提供合适的温度和湿度。熏蒸消毒，当舍温在26℃，空气相对湿度在65%～80%时，消毒效果最佳。当舍温低于18℃，空气相对湿度小于60%时，会影响消毒效果。所以当舍温及湿度达不到要求时，要加温及加湿，提高温度、湿度到合适的范围，消毒效果才有保证。

二是用于消毒反应的容器体积要大，且要耐腐蚀。由于高锰酸钾和福尔马林都具有腐蚀性，且两者混合后反应剧烈，释放热量，反应时间持续 10～30 分钟，所以盛放药品的容器要大，其体积应为药品总量的 3～5 倍，且要耐腐蚀。

三是消毒反应的容器放置要合适。由于高锰酸钾和福尔马林反应剧烈，反应物易溅出，腐蚀周围的物品，或引燃周围的易燃物，因此，反应容器周围不要放置东西，生产用具不要放在反应容器附近，反应容器下面不要垫报纸，需消毒的垫料等易燃物要远离反应容器放置。反应容器在禽舍的放置要均匀，每个容器中的药品要等量，使禽舍整个空间的消毒更有效。

②戊二醛　本品为无色油状液体，味苦。有微弱的甲醛臭。可与水或醇作任何比例的混溶。溶液呈弱酸性。其碱性水溶液具有较好的杀菌作用，当 pH 值为 7.5～8.5 时，作用最强，可杀灭细菌的繁殖体和芽孢、真菌、病毒，其作用较甲醛强 2～10 倍。

常用的有 20%、25% 浓戊二醛溶液，2% 稀戊二醛溶液，复方戊二醛溶液。

器械、塑料及橡胶制品浸泡消毒常用 2% 戊二醛溶液，禽舍及器具的消毒用复方戊二醛溶液。注意：避免与皮肤、黏膜接触，不要接触金属器具。

3. 碱类消毒剂

对细菌和病毒具有强大的杀灭作用，高浓度碱液亦可杀灭芽孢。碱类消毒剂最常用于畜禽圈舍地面、污染设备及各种物品以及含有病原体的排泄物、废弃物的消毒。注意高浓度碱液会灼伤组织，并对铝制品、纺织品、漆面等有损坏作用。

碱类消毒药主要有氢氧化钠、生石灰等。

①氢氧化钠　又名烧碱、苛性钠，为白色的块状或片状物质，易溶于水和醇，易吸湿而潮解，须密闭保存。本品 2%～

3%溶液用于病毒性与细菌性污染的消毒，5%溶液用于炭疽的消毒。对寄生虫卵也有消毒作用。

本品具有很强的腐蚀性，消毒后要用清水冲洗干净。

②生石灰　本品为白色的块或粉。主要成分是氧化钙，加水搅拌均匀，配成 10%～20% 石灰乳，即成氢氧化钙。氢氧根离子起杀菌作用，钙离子也能与细菌原生质起作用而形成蛋白钙，使蛋白质变性。本品对一般细菌有效，对芽孢及结核杆菌无效。常用于墙壁、地面、粪池及污水沟等的消毒。石灰乳使用时需现配现用。潮湿的地面、粪池及污水沟可用石灰粉直接均匀布撒消毒。陈旧的石灰不能用于消毒。

4. 卤素类消毒剂

卤素抗菌谱广，作用强大，对细菌、芽孢和病毒等均有效。在卤素中氟、氯的杀菌力最强，依次为溴、碘，但氟和溴一般消毒时不用。常用的该类消毒剂包括：漂白粉、二氯异氰尿酸钠、碘酊等。

（1）**漂白粉**　本品为灰白色颗粒性粉末，为次氯酸钙、氯化钙和氢氧化钙的混合物，有氯臭。含有效氯不得少于 25%。在水或乙醇中部分溶解，在空气中吸收水分与二氧化碳而缓缓分解，丧失有效氯，需密封，贮存于阴凉干燥处。注意：漂白粉对皮肤和黏膜有刺激作用，对金属有腐蚀作用，可使有色棉织物褪色。

本品加入水中生成次氯酸，释放活性氯和初生氧而呈现杀菌作用。漂白粉 1% 澄清液作用 0.5～1 分钟即可抑制像炭疽杆菌、沙门氏菌、猪丹毒和巴氏杆菌等多数繁殖型细菌的生长，1～5 分钟可抑制葡萄球菌和链球菌，对结核杆菌和炭疽杆菌效果较差。30% 漂白粉混悬液作用 7 分钟后，炭疽芽孢即停止生长。

漂白粉 5%～20% 混悬液或 1%～5% 澄清液广泛用于畜禽栏舍、场地、车辆、排泄物等的消毒，其 1%～5% 澄清液可用于消毒玻璃器皿和非金属用具，如鸭场的饮水、饲料用具的消毒。需现配现用。

饮水消毒为每吨水加漂白粉 20 克。漂白粉还有除臭作用。

2% 水溶液对水体进行泼洒消毒，每亩水面的用量为 1～1.5 千克。

（2）二氯异氰尿酸钠　又名优氯净，含有效氯 60%～64.5%。有浓氯臭的白色晶粉，易溶于水，溶液呈弱酸性，溶液的 pH 值愈低，杀菌作用愈强。本品杀菌谱广，对繁殖型细菌和芽孢、病毒、真菌孢子均有较强的杀灭作用。主要用于厩舍、排泄物和水的消毒。注意二氯异氰尿酸钠对皮肤和黏膜有刺激作用，对金属有腐蚀作用，可使有色棉织物褪色。在接种活疫苗前后不宜使用。

0.5%～1% 水溶液用于杀灭细菌和病毒。5%～10% 水溶液用于杀灭芽孢，临用前配制。消毒方法为喷洒、浸泡和擦拭，也可用其干粉直接处理排泄物或其他污染物。饮水消毒每吨水加入 4 克。

配制成 0.5% 的水溶液对水体进行泼洒消毒，每亩水面的用量在 0.2～0.5 千克。

5. 醇类消毒剂

醇类为皮肤、黏膜消毒防腐剂，主要用于皮肤、器械以及注射针头、体温计等的消毒。能杀死繁殖型病原菌，对芽孢、真菌无效，对多数病毒效果较差。常用的有乙醇。

乙醇：又名酒精，在常温、常压下是一种易燃、易挥发的无色透明液体，有辛辣味。乙醇对细菌繁殖体、真菌及病毒都有很好的杀灭作用，对人刺激性小，无毒，对物品无损害，多用于皮肤消毒以及临床医疗器械的消毒。注意：乙醇易燃，要远离火源。

75% 消毒用酒精配制：取 95% 浓度酒精 790 毫升，加蒸馏水 210 毫升，混合均匀，即成 75% 浓度的酒精 1 000 毫升。

6. 表面活性剂类消毒剂

表面活性剂可分为离子型和非离子型两大类。离子型又可分为：阴离子型表面活性剂和阳离子型表面活性剂。

阴离子型表面活性剂的去污力强，但抗菌作用很弱，消毒不可靠。阳离子型表面活性剂的去污力较差，但抗菌作用强大，是临床常用的消毒剂。

阳离子表面活性剂在碱性环境下其作用最强，在酸性环境中会显著降低其杀菌效力。阳离子表面活性剂杀菌范围广，对革兰氏阳性菌，阴性菌，多种真菌，病毒有杀灭作用，具有杀菌效力强、作用迅速、刺激性小、毒性低、用量少、可长期保存和价格便宜等优点。用于皮肤、器械的消毒，还可用于黏膜、创伤的防腐。

常用的阳离子表面活性剂及其制剂有新洁尔灭、百毒杀等。

（1）新洁尔灭 又名苯扎溴铵、溴苄烷铵，属季铵盐类，为无色或淡黄色的液体，易溶于水，水溶液为碱性，振摇时发生大量泡沫，应遮光、密封保存。

本品对化脓性病原菌、肠道菌及部分病毒有较好的杀灭能力，对革兰氏阳性菌的杀菌能力要比对革兰氏阴性菌的强，对细菌芽孢一般只能起抑制作用，对结核杆菌及真菌的杀灭效果不好。

本品具有杀菌与去污两重效力，渗透力强，作为常用消毒防腐药，0.01%溶液用于创面消毒；0.1%溶液用于皮肤、黏膜消毒及手术器械浸泡消毒，0.1%溶液用于蛋壳的喷雾消毒和种蛋的浸涤消毒，此时要求溶液温度为40～43℃，浸涤时间不超过3分钟；0.15%～2%溶液可用于禽舍喷雾消毒。

（2）百毒杀 又名癸甲溴铵溶液。本品为无色或微黄色黏稠性液体，振摇时产生泡沫。

本品为双链季铵盐消毒剂，消毒作用比一般单链季铵盐化合物强数倍。

本品具有较强的杀菌能力，能迅速渗透入胞浆膜脂质体和蛋白质体，改变细胞膜通透性，对沙门氏菌、多杀性巴氏杆菌、大肠杆菌、金黄色葡萄球菌、新城疫病毒、法氏囊病毒、霉菌、真菌、藻类等微生物有杀灭作用。可用于饮水消毒、带禽消毒、种蛋与孵化室消毒、肉品与乳品机械用具消毒、饲养用具及室内外环境消毒。

7. 酸类消毒剂

包括无机酸和有机酸两类，用于畜禽的消毒剂，常用的是有机酸，如有乳酸、醋酸。

（1）**乳酸** 本品为无色澄明或微黄色的糖浆状液体，无臭，味酸，能与水或醇任意混合。露置空气中有吸湿性，故应密闭保存。

本品对伤寒杆菌、大肠杆菌、葡萄球菌和链球菌具有杀灭抑制作用。它的蒸气或喷雾用于消毒空气，能杀死流感病毒及某些革兰氏阳性菌。用于空气消毒有价廉、毒性低的优点，但杀菌力不够强。

（2）**醋酸** 又名乙酸，为无色透明的液体，味极酸，能与水、醇或甘油任意混合。本品对金属器械有腐蚀性。无水醋酸称为冰醋酸。

本品对流感病毒、伤寒杆菌、大肠杆菌、葡萄球菌和链球菌具有杀灭抑制作用。本品用于空气消毒，可预防感冒和流感。

稀醋酸加热蒸发可用于空气熏蒸消毒，每立方米用 20～40 毫升；如用食用醋，每立方米用 300～1 000 毫升。

8. 碘与碘化物消毒剂

碘与碘化物的水溶液或醇溶液都是皮肤、黏膜防腐药，可用于皮肤或黏膜创面的消毒。

（1）**碘** 本品为灰黑色或蓝黑色有金属光泽的片状结晶或块状物，有特臭，在常温中能挥发。在水中几乎不溶，但能溶于碘化钾或碘化钠的水溶液中。在乙醇中易溶。

碘具有强大的杀菌作用，也可杀灭细菌芽孢、真菌、病毒、原虫。碘主要以分子形式发挥杀菌作用，其作用机理是碘氧化菌体蛋白的活性基因，并与蛋白的氨基结合而导致蛋白变性，并能抑制菌体的代谢酶系统。

碘的常用制剂有碘酊、浓碘酊、碘溶液、碘甘油。

①碘酊　本品含碘 2%、碘化钾 1.5%，加水适量，以 50% 乙醇配制而成。为红棕色的澄清液体，用于术前和注射前的皮肤消毒。

②浓碘酊　本品含碘 10%、碘化钾 7.5%，以 95% 乙醇配制而成。为暗红褐色液体。具强大刺激性，用作刺激药涂搽于患部皮肤。将浓碘酊与等量 50% 乙醇混合，即得 5% 碘酊，治疗腱鞘炎、滑膜炎等慢性炎症。

③碘溶液　本品含碘 2%、碘化钾 2.5% 的水溶液。用于皮肤浅表破损和创面消毒。

④碘甘油　本品含碘 10%、碘化钾 10%，以甘油配制而成。用于治疗口腔、舌、齿龈等黏膜炎症与溃疡。

（2）**聚维酮碘**　又名碘伏、聚乙烯吡咯烷酮碘、吡咯烷酮碘，是一种高效低毒皮肤黏膜的消毒剂。本品一般制成溶液，溶液呈棕红色，对多种细菌、芽孢、病毒、真菌等有杀灭作用。其作用机制是本品接触创面或患处后，碘在表面活性剂中缓慢释出，杀菌作用比较持久，刺激性较小，适用于皮肤、黏膜感染。

5% 溶液用于皮肤消毒及治疗皮肤病。0.1% 溶液用于黏膜及创面的冲洗。

9. 氧化剂类消毒剂

氧化剂消毒剂对厌氧菌作用最强，其次是革兰氏阳性菌和某些螺旋体。常用的有高锰酸钾、过氧乙酸等。

（1）**高锰酸钾**　又名灰锰氧，为有金属光泽紫黑色结晶性粉末，无臭，易溶于水，溶液呈粉红色乃至暗紫色。本品需密闭保存。

本品为强氧化剂，遇有机物起氧化作用。0.1%～0.2%溶液能杀死多数繁殖型细菌，2%～5%溶液能在24小时内杀死芽孢。在酸性溶液中杀菌作用增强，如含有1.1%盐酸的1%高锰酸钾溶液能在30秒钟内杀死炭疽芽孢。0.1%溶液可用于皮肤、黏膜创面冲洗和饮水消毒。常利用高锰酸钾的氧化性能来加速福尔马林蒸发而起到空气熏蒸消毒作用。本品除杀菌消毒作用外，还有防腐、除臭功效。

注意：本品溶于水后氧化迅速，配成水溶液时要现配现用。与甘油、碘等还原剂研合可导致爆炸。

（2）过氧乙酸 又名过醋酸。本品为无色透明液体，易溶于水和有机溶剂。呈弱酸性，易挥发，有刺激性气味，并带醋味。高浓度遇热易爆炸，20%以下浓度无此危险，故市售商品为20%溶液，有效期为半年。稀释需现用现配。

本品的杀菌作用在于本身有强大的氧化性能，亦可分解出酸和过氧化氢等产物起协同的杀菌作用。具有杀菌快而强、抗菌谱广的特点，对细菌、病毒、霉菌和芽孢均有效。

本品可用于耐酸塑料、玻璃、搪瓷和橡胶制品及用具的浸泡消毒，还可用于禽舍、仓库、食品车间的地面、墙壁、通道、食槽的喷雾消毒。室内空气消毒用20%过氧乙酸稀释成3%～5%溶液，加热熏蒸，室内空气相对湿度宜在60%～80%，密闭门窗1～2小时。

注意：本品对组织有刺激性和腐蚀性，对金属也有腐蚀性。

（三）抗微生物药

抗微生物药是指对病毒、细菌、真菌、支原体等病原微生物具有抑制或杀灭作用的一类化学物质，可分为抗生素、化学合成抗菌药、抗真菌药。

1. 抗 生 素

按化学结构可分如下几类：

（1）**β-内酰胺类** 包括β-内酰胺类抗生素及β-内酰胺酶抑制剂。β-内酰胺类抗生素有青霉素、氨苄西林（氨苄青霉素）、阿莫西林（羟氨苄青霉素）、普鲁卡因青霉素、羧苄西林、苯唑西林、氯唑西林等。β-内酰胺酶抑制剂有舒巴坦钠、克拉维酸。

（2）**头孢菌素类** 包括头孢氨苄（先锋Ⅳ号）、头孢拉定（先锋Ⅵ号）、头孢噻呋、头孢喹肟等。

（3）**氨基糖甙类** 包括链霉素、庆大霉素、卡那霉素、阿米卡星、丁胺卡那霉素、新霉素、大观霉素、安普霉素等。

（4）**四环素类** 包括四环素、土霉素、强力霉素（盐酸多西环素）等。

（5）**氯霉素类** 包括甲砜霉素、氟苯尼考等。

（6）**大环内脂类** 包括红霉素、吉他霉素、泰乐菌素、替米考星、泰拉霉素、泰妙菌素、沃尼妙林等。

（7）**林可霉素类** 包括林可霉素（洁霉素）、克林霉素（氯洁霉素）等。

（8）**多肽类** 包括杆菌肽锌、黏菌素、多黏菌素B、维吉尼霉素、硫肽菌素、黄霉素等。

2. 化学合成抗菌药

（1）**磺胺类药与抗菌增效剂** 磺胺类药是一类合成抗感染药物，在家禽生产中是一类用于抗菌、抗原虫药物。具有抗菌谱广、化学性质稳定、价格低、使用方便等特点，与抗菌增效剂甲氧苄啶（TMP）或二甲氧苄啶（DVD）有协同作用，磺胺类药与抗菌增效剂常以5∶1比例合用，合用后抗菌作用比单一使用时增加几倍。

磺胺类药为白色或淡黄色结晶性粉末，由于在水中难溶解，常制成钠盐，易溶于水，其水溶液呈强碱性。

磺胺类药抗菌谱广对链球菌病、肺炎球菌病、沙门氏菌病、葡萄球菌病、大肠杆菌病、巴氏杆菌病、痢疾杆菌病、李氏杆菌病、放线菌病、球虫病、住白细胞虫病均有较好疗效。常用于禽球虫病、卡氏住白细胞原虫病、传染性鼻炎、禽霍乱、大肠杆菌病的防治。

常用磺胺类药有磺胺喹噁啉（SQ）、磺胺二甲嘧啶（SM₂）、磺胺间甲氧嘧啶（SMM）、磺胺对甲氧嘧啶（SMD）、磺胺甲基异噁唑（SMZ）、磺胺嘧啶（SD）、磺胺氯达嗪、磺胺氯吡嗪。抗菌增效剂有甲氧苄啶（TMP）、二甲氧苄啶（DVD）。磺胺药可分为用于全身感染的磺胺药、用于肠道感染的磺胺药、外用磺胺药三大类。用于全身感染的磺胺药磺胺异恶唑（SIZ）、磺胺嘧啶（SD）、磺胺甲基异噁唑（SMZ）、磺胺对甲氧嘧啶（SMD）、磺胺多辛（SDM）、磺胺氯哒嗪，用于肠道磺胺药有磺胺咪（SG）、琥磺噻唑（SST）、酞磺噻唑（PST）等。外用磺胺药有磺胺醋酰钠、磺胺嘧啶银等。

（2）磺胺类药应用注意事项

①注意用量　用量一般按产品说明书使用，不能随意加大用量。但在首次或第一天使用磺胺药物时，为了使药物在血液中能尽快达到足够的有效抑菌浓度，在安全范围内剂量可加倍，也称为突击用量；第二天开始以正常用量（维持用量）给药。

②注意用药时间　使用时要求剂量准确，搅拌均匀，其疗程常为3～5天，不宜超过7天，或按说明书的要求使用。因为长期大剂量使用易造成蓄积中毒，所不能任意延长用药时间。

③注意配伍禁忌　磺胺药与抗菌增效剂（TMP或DVD）有协同作用，常联合用药。

磺胺药为碱性药物，不宜与酸性药物合用。溶液性磺胺药不宜与青霉素、四环素、氯化钙、氯丙嗪、阿托品、止血敏、维生素B、维生素C、维生素K、碳酸氢钠等混合应用，防止析出沉淀，降低药物疗效或失效。但当家禽发生磺胺药中毒，引起磺胺结晶堵塞输尿管时，碳酸氢钠、维生素C可作为解毒剂。

磺胺药禁止与拉沙菌素、莫能菌素、盐霉素等抗球虫药物混用。

　　磺胺药与过氧化钙、氯化铵合用会增加尿毒性，与普鲁卡因合用会失效。

　　磺胺药会抑制 B 族维生素、维生素 K 的合成与吸收，当使用磺胺药时，可在饲料中适当添加 B 族维生素和维生素 K。

　　④产蛋禽慎用或禁用磺胺类药物　因为磺胺类药物与碳酸酐酶结合，降低酶的活性，从而使碳酸盐的形成和分泌减少，致使产蛋率下降，产沙壳蛋、薄壳蛋、产软壳蛋。

　　（3）**喹诺酮类药物**　是一类化学合成的具有喹诺酮基本结构的抗菌药。因其基本结构中增加了氟原子，又名氟喹诺酮类药。

　　常用的有诺氟沙星、环丙沙星、恩诺沙星、达氟沙星、二氟沙星、沙拉沙星等，其中恩诺沙星、达氟沙星、二氟沙星、沙拉沙星为动物专用药物。

　　该类药的特点是：抗菌谱广，对革兰氏阴性菌的抗菌作用强，对革兰氏阳性菌、某些支原体、厌氧菌也有抗菌作用，对肠杆菌科细菌，如大肠杆菌、沙门氏菌、变形杆菌等有强大的抗菌作用。杀菌力强，口服吸收好，半衰期长，分布广，不良反应少。与其他抗微生物药之间无交叉耐药性，对多种耐药菌株有较强的敏感性。

　　（4）**硝基咪唑类**　是一组具有抗原虫和抗菌活性的药物，同时亦具有很强的抗厌氧菌的作用。在兽医临床常用的为甲硝唑、地美硝唑。

　　3. 抗真菌药

　　包括两性霉素 B、制霉菌素、克霉唑、酮康唑。

（四）抗寄生虫药

　　抗寄生虫药是用于驱除和杀灭体内、外寄生虫的药物。

　　根据药物抗虫作用和寄生虫分类，可将抗寄生虫药分为：抗蠕虫药、抗原虫药、杀虫药。

1. 抗蠕虫药

又称驱虫药。根据蠕虫的种类，又可将此类药物分为：驱线虫药、驱绦虫药、驱吸虫药。

驱线虫药有伊维菌素、阿维菌素、左旋咪唑、阿苯达唑、噻苯达唑、甲苯达唑、芬苯达唑、奥芬达唑。

驱绦虫药有吡喹酮、氯硝柳胺、羟溴柳胺、氢溴酸槟榔碱。

驱吸虫药有硫氯酚、硝氯酚（拜耳～9015）、三氯苯咪唑。

2. 抗原虫药

根据原虫的种类分为：抗球虫药、抗锥虫药、抗焦虫药（抗梨形虫药）、 抗滴虫药。

3. 杀 虫 药

又称杀昆虫、杀蜱螨药。分为有机磷类、除虫菊酯类杀虫药。

五、鸭场生物安全措施

兽医生物安全是指采取必要的措施切断病原体的传入途径，最大限度地减少各种物理、化学和生物性致病因子对动物群造成危害的一种动物生产体系，集饲养管理和疾病预防为一体。兽医生物安全是将可传播的疫病或人畜共患传染病的病原微生物、寄生虫排除在养殖场之外的安全措施，是一种以切断传播途径为主要内容的预防疾病发生的生产体系，是保护养殖场免于疫病的健康保护计划和严格卫生消毒程序，是保护畜禽健康生长，免受致病因子侵袭的综合防御系统。它包括养殖场的选址布局、引种、检疫、饲养管理、污染物无害化处理、防疫卫生、病原清除、动物与动物产品安全及公共卫生等全过程。

随着我国养鸭业的快速发展，鸭的存栏量不断扩大，鸭场的集约化和规模化程度不断提高，鸭的疫病更加复杂，新的鸭病也不断增加，旧的鸭病难以有效地控制，病原变异、非典型病例、混合感染增多，不仅增加了疫病防治的费用，也造成更大的经济损失。如果能将兽医生物安全充分应用到养鸭业中，并认真贯彻执行，能大大减少甚至是切断各种病原体的传入途径，最大限度地减少病毒、细菌、真菌、原虫、寄生虫、昆虫、啮齿类动物、野生鸟类等致病因子对鸭群的危害，最大限度地降低养鸭场的经济损失。以下从六个方面详述生物安全在养鸭生产中的应用。

（一）鸭场选址和布局

1. 鸭场选址 应远离交通主干道、居民区、村庄、其他畜禽养殖场、畜禽屠宰厂、畜禽产品加工厂、垃圾站等，同时须远离栖息水禽的排水沟、池塘、湖泊、滩涂等地。鸭场应建于通风、水源充足、水质良好没受污染、供电有保障的地方。

2. 鸭场布局 要求合理，生活区、孵化区、生产区要严格分开，生产区中育雏舍、成鸭舍要分开。各生产区内的净道和脏道要分开，饲料、雏鸭、干净的用具从净道进入鸭舍，死淘鸭、鸭粪、污浊物品从脏道运出。若设立的病死鸭尸坑、鸭粪发酵池应远离鸭舍 500 米以上。鸭场四周建立围墙或防疫沟、防疫隔离带，设立驱赶野鸟的设施。

3. 鸭舍建设 鸭舍应朝向合理，有利于通风、采光、保暖，冬暖夏凉，方便鸭自由进出。鸭舍的地面采用有一定坡度平整的水泥地面，活动场所可铺设水泥地或红砖地，有利于清洗及消毒，设置供水槽、排水沟，有利于保持舍内的干燥、清洁。舍内天花板应便于除尘。鸭舍要能防止昆虫、鼠类、野鸟等的入侵。鸭的游泳池可新砌，也可利用池塘、沟渠改造，但要有利于排水和水的消毒，并要保持水质无污染。

（二）鸭场卫生消毒

卫生消毒是养鸭场最重要的生物安全措施之一，是贯彻执行预防为主的防疫措施的重要环节。众所周知，构成传染病的流行三个环节为传染源、传播途径及易感动物，只要切断其中一个环节，就能阻断传染病的流行。消毒可以最大限度降低禽舍内外环境中病原微生物的数量，降低鸭场的污染程度，从而阻断传染源从外部传入，在群与群之间及群内扩散，切断传染病的流行。消毒对象包括：鸭舍外场地、鸭舍内地面和笼具、用具、车辆、人员、人工授精器械、种蛋等，消毒还包括带禽卫生消毒及孵化期间卫生消毒等。消毒工作非常重要，而且还必须正确的掌握消毒方法，才能有良好的消毒效果。根据不同的消毒对象，选择合适的消毒药。如墙壁消毒用生石灰，饮水消毒用漂白粉或二氯异氰酸钠，带鸭消毒用百毒杀等。

1. 常用消毒方法

包括物理方法、化学方法、生物方法三类，具体进行时应根据病原体的种类和被消毒物品的性质加以选择。

（1）物理消毒法

①机械消毒法　指通过清除、打扫、洗刷、通风等方法，把附着在鸭舍、用具和地面、水沟等处的污物及病原体清除掉，再对被清除的污物进行堆积发酵或药物消毒，以达到杀灭大部分病原体的效果。这通常是消毒的第一步，也是消毒第一关。

②煮沸消毒法　指将要消毒的物品置于水中，水需要盖过物品，煮至水沸，至少再煮沸15分钟，即可达到消毒效果。本法适用于金属器材、木质器具、玻璃器皿以及布类等的消毒，如注射器、针头、镊子等物品的消毒可用此法。

③日光消毒法　众多病原微生物对日光非常敏感，因而日光消毒是最经济的消毒方法。可将要消毒的物品放置地日光下，暴晒3～6小时，可达到消毒效果。常用于一些用具、物品的再消毒，如清洗后的料槽、饮水器，装雏鸭的竹筐、垫料等，都可采用日光消毒法消毒，但日光消毒后再经过其他消毒，如熏蒸消毒，效果会更好。

④火焰消毒灭菌法　这是最彻底的消毒方法。焚烧适用于废弃物品或病死鸭尸体等的消毒，灼烧适用于微生物学实验室的接

种环、试管口等的灭菌，喷灯火焰适用于经药物消毒后的鸭舍四周墙壁和水泥地的再消毒。

⑤高压蒸汽灭菌法　本法是目前应用最广、灭菌效果最好的灭菌方法，可杀死包括细菌芽孢在内的所有微生物。常用高压蒸汽灭菌器，压力升至 1.05 千克 / 厘米 ^{2}，温度达 121～126℃，维持 20～30 分钟，可达到灭菌目的。主要用于能耐高温的物品，如金属器械、玻璃、搪瓷、敷料、橡胶及一些药物的灭菌，如病毒、细菌分离用平皿、玻璃瓶、胶塞、PBS 液等。

（2）**化学方法**　本法是鸭场消毒灭菌最主要、最常用的方法，是利用各种化学消毒剂，按一定比例的配制，用气雾、泼洒、冲洗、浸泡、擦拭的方式，杀灭病原体。适用鸭舍、场地、环境、用具、饮水、车辆、孵化器、种蛋等的消毒。

（3）**生物消毒法**　本法是将污染的垫草、污物、粪便、尸体挖坑深埋压实密封堆积发酵，经一定时间后达到杀灭致病细菌和虫卵的目的。适合受污染的垫草、污物、粪便、尸体的消毒，尤其适合寄生虫病的粪便及污染物的处理。

2. 常规消毒

（1）**料槽、饮水器及供水管消毒**　料槽、饮水器每天要清洗消毒，可用百毒杀、二氯异氰脲酸钠消毒。供水管可选用百毒杀、二氯异氰脲酸钠中的一种清洗消毒。

（2）**带鸭消毒**　即带鸭喷雾消毒，不仅能有效地净化空气，还能有效的杀灭鸭舍环境中的病原微生物。是鸭场综合防疫措施的重要组成部分。带鸭消毒要选择高效低毒，刺激性小的消毒剂，如百毒杀、二氯异氰尿酸钠等交替使用。正常带鸭消毒可每周 1 次，发生疫病时可每天 1 次。消毒用量按说明书标明的用量使用，喷雾消毒时间最好选择在近中午温度较高的时候进行，注意雾滴要细，喷头向上，让雾滴自然散落在鸭体上，不要直接喷在鸭身上。

（3）**水体及四周环境消毒**　鸭的活动场所供鸭每天沐浴用的

小水池需每天换水，定期消毒或每周消毒 2 次，消毒剂可选用百毒杀、二氯异氰脲酸钠等。鸭舍的近岸水域的水体也需消毒。四周环境可用各种类型的消毒剂轮流定期消毒。

（4）**人员及车辆消毒**　车辆、人员是畜禽疾病传播中最危险最常见也最难以防范的传播媒介，必须严格进行有效控制。在鸭场入口、各分区入口，设置车辆消毒池、高压冲洗消毒设施和人员淋浴消毒室，所有进出场车辆、物品必须经过经消毒方可出入。所有进入鸭场人员必须消毒，方可进入。所有进入生产区的人员需淋浴、消毒，换上生产区清洁服装、鞋帽后才能进入。每栋鸭舍的门口应设置有小消毒盘，进禽舍之前经消毒盘（池）消毒才能进入。尽可能谢绝外来人员进入生产区参观，有条件的可采用闭路监控系统，使管理人员和参观者不要轻易进入生产区。

鸭场门口的消毒池可用酚类、碱类等的消毒剂消毒，并 3～5 天定期更换新消毒水。进入车辆可用甲酚皂溶液、溴氯海因、百毒杀等进行了喷洒消毒。

人员消毒可采用淋浴更衣及紫外线消毒的方法，具体的实施需制定一套消毒方案，并严格按规定的消毒方案执行，才能进入。

（5）**孵化室消毒**

①孵化室　工作人员进出必须严格消毒，更换工作服、靴帽等才能进入。

②孵化器　每次用过后要实行一清、二洗、三熏蒸的消毒程序。

一清：除污物，如绒毛、蛋壳等。

二洗：用水冲洗孵化机、蛋架、蛋盘，再用 0.1% 新洁尔灭或 5% 次氯酸钠擦洗消毒。

三熏蒸：蛋架、蛋盘冲洗干净晾干后，放入孵化机内，用福尔马林与高锰酸钾进行熏蒸消毒，每立方米体积用福尔马林 42 毫升、高锰酸钾 21 克。

③蛋库　可设熏蒸消毒箱或熏蒸消毒间，每天收取的蛋熏蒸

消毒后入库存放。对于表面受粪便污染严重的种蛋，可用温度适宜的消毒水（如 0.1% 新洁尔灭）喷洗消毒。

3. 终末消毒

当鸭全出售或转栏后，空鸭舍的周围环境、栏舍及用具必须进行全面系统的清洁消毒，称为终末消毒。按顺序做到一清、二扫、三冲洗、四消毒、五熏蒸。

①清扫冲洗　即一清、二扫、三冲洗。

一清：就是将粪便、垫料，鸭舍周围的杂草要铲除，排水沟进行清理疏通。

二扫：就是将鸭舍的地面、室顶、门窗、风机、灯盏等上面的蜘蛛网及沉积的尘土清扫干净。

三冲洗：就是先用清水冲洗浸泡，再用高压水枪用清水从顶到下、从里到外冲洗两遍，保证栏舍、用具无污染物附着，这样基本上已清除污物及 90% 的病原微生物。此时还要检修机器及栏具。

②化学消毒　即四消毒。用 2～3 种不同类的消毒剂进行 2～3 轮的消毒，一般每一轮消毒要清洗干净才可进行下一轮的消毒。鸭舍地面及排水沟可先用 2% 的烧碱溶液（或醛类消毒剂）进行泼洗消毒，再用含氯消毒剂或季铵盐络合碘消毒剂或百毒杀喷洒消毒。屋顶可用百毒杀喷洒消毒，墙壁可用现配 20% 生石灰溶液进行了消毒，饮水器等用具可先用碱性消毒剂或醛类消毒剂进行浸泡消毒，再用百毒杀进行浸泡消毒。消毒完毕需用清水冲洗干净，晒干或晾干后，排放整齐，等待下一步的消毒。

③熏蒸消毒　即五熏蒸。一般在进鸭前 2～4 周用福尔马林和高锰酸钾进行熏蒸消毒，注意密封、消毒剂量、温度及湿度。有关熏蒸消毒在消毒剂部分有详述。

（三）科学饲养管理

1. 引　种

应从无鸭疫病区的正规的种鸭场引进雏鸭或种蛋，应重视产地检疫和引进隔离检疫，加强种蛋的检疫，防止疫病的垂直传播。

2. 采用全进全出饲养方式

所谓全进全出，就是分别以生产场、生产区、一栋鸭舍为单位，饲养来源相同、同一批次的鸭群，饲养期满后，全群一起出笼，鸭出笼后，鸭舍经彻底冲洗消毒，至少空置14天以上，才可进下一批鸭。不同日龄的鸭有不同的易发疾病，日龄较大的鸭群可能是带菌（毒）者，虽不发病，但会将所带菌（毒）将传给日龄小的敏感鸭，引起雏鸭发病，造成经济损失。全进全出还有利于实行控温、饲养等管理。

3. 实行精细饲养管理

（1）根据鸭日龄大小，选用相应全价颗粒料，最好选用正规厂家生产的饲料，同时注意饲料的保存，防止饲料受潮发霉或受污染，给料量要准确。

（2）鸭场内要有足量供饮用和沐浴用的清洁水源，无条件利用自来水时，应采用地下水，但要定期送检，保证水质合格，最好不用沟渠、池塘、矿坑的地表水源。放牧前应先检查水质再放牧。料槽及饮水器要定期的清洗、消毒。

（3）根据鸭日龄、品种，合理控制鸭群的密度，尽可能减少和预防鸭群的各种应激，可以说，鸭群密度大，应激多，对疾病的易感性增强。

（4）病弱鸭隔离饲养，单独给药并加强营养，加强消毒，难以医治的要及时淘汰。

（四）疫苗免疫

1. 预防接种

预防接种是在健康鸭群中还没有发生传染病之前，为了防止某些传染病的发生，有计划地定期使用疫苗给健康鸭群进行预防接种。预防接种通过对机体接种疫苗，刺激机体产生体液免疫和细胞免疫，以达到提高机体对该特异性病原的抵抗力。疫苗的接种方法有皮下注射、肌内注射、滴眼滴鼻、饮水免疫、喷雾免疫等不同的接种方法，接种后经过一定的时间鸭体可获得一定的免疫力。

（1）制定合适的免疫程序　预防接种应有依据和计划，需根据本场的传染病的流行情况，本地区及周边疫情，鸭的品种特性，制定免疫程序，不要生搬硬套别人的免疫程序。

（2）选用合格的疫苗，妥善保管及合理使用　选用正规厂家生产的疫苗，疫苗在运输、贮藏过程中均应按要求保存，用法、用量应严格按其说明书执行或遵从兽医指导，过期或保存不当的疫苗绝不能用。免疫接种操作中，要采取严格的卫生措施，接种用的器具设备应事先灭菌。为减少免疫应激带来的损失，免疫前后要添加抗应激的药物。

（3）实施免疫监测　免疫接种后，注意观察鸭群有无异常反应，并监测抗体水平，以确定免疫效果。若免疫效果不理想，要及时分析原因并确定是否补充免疫。

2. 紧急接种

紧急接种是在发生传染病时，为了迅速控制和扑灭疫情，而对疫群、疫区和受威胁地区尚未发病的鸭群进行临时应急性免疫接种。紧急接种可用疫苗，还可用高免血清、高免卵黄抗体。

（五）鸭场污染物及废弃物处理

鸭场的污染物及废弃物主要包括鸭粪、垫料、病死鸭、孵化厂废弃物、残余疫苗和疫苗瓶等，要妥善处理，否则可能传播疾病。

1. 鸭粪处理

鸭粪等废弃物通过合理堆积沤肥，可有效地消灭粪便中的多种病原体和寄生虫卵，又可变成很好的有机肥。

2. 病死鸭和孵化厂废弃物处理

死亡鸭及淘汰鸭、垫料、孵化厂废弃物可用不漏水容器装运，交给当地卫生处理厂处理；或经焚化、深埋或发酵无害化处理。

3. 残余疫苗和疫苗瓶处理

残余疫苗和疫苗瓶加入强酸或强碱消毒液，再用不漏水容器装运，交给当地卫生处理厂处理，不能随意丢弃。

（六）实时检查生物安全实施情况

生物安全是减少鸭群疫病威胁的有效途径，也是一个全方位的防制体系，只有提高认识，认真做好每一个环节的工作，才能收到良好的效果。任何养殖场要搞好生产，都必须有一套严格的管理制度，并有相应的监督实施机制，生物安全的实施更应如此。生物安全措施落实得怎样，需通过设立有关的制度及相关的监督来检查。下面列出一些有关的制度，只起到抛砖引玉的作用，每个鸭场应根据各自的情况，设立更详细的相关制度。

1. 消毒制度

（1）鸭场常规的消毒制度及相关的记录，包括人员车辆进出的消毒、水体及四周环境的消毒、料槽、饮水器及供水管的消毒、带鸭消毒等，要记录所用的消毒剂、消毒剂量、消毒方法、操作人员等。

（2）鸭场的终末消毒及检查记录，各轮消毒所用的消毒剂的厂家、批号，消毒剂量、消毒方法、消毒时间、操作人员、检查人员等都需做好记录。

（3）孵化场的消毒制度及记录，包括人员车辆进出的消毒、四周环境的消毒、孵化机的消毒、种蛋的管理及消毒等，要记录所用的消毒剂、消毒剂量、消毒方法、操作人员、检查人员等。

2. 生产记录

（1）各栋鸭舍的日生产记录，包括存栏数、淘汰数及淘汰率、死亡数及死亡率、日采食量及日平均采食量、产蛋数及产蛋率、破损蛋及破损率。

（2）各栋鸭舍的用药计划及记录，包括预防用药计划、治疗用药及记录。

（3）鸭场免疫程序变更记录。鸭场免疫程序并非一成不变，当有所变动时，要及时记录终止执行和开始执行的时间，并传达到有关部门。

（4）各鸭群免疫情况记录，包括疫苗的厂家、生产日期、生产批号、免疫剂量、免疫方法、领用疫苗数量、剩余疫苗数量等。

（5）孵化场的日生产记录，包括入孵蛋数、受精蛋数及受精率、出雏数及出雏率。

（6）每批种蛋的施温计划及记录。

3. 疾病监控记录

（1）各鸭群的病死鸭剖检及送检记录。

（2）各鸭群有关抗体监测记录。

（3）各鸭群的疾病净化计划及记录。

以上各项制度的实施须落实到人，并逐级落实，实施。

第二章

鸭病毒性疾病

鸭病中的病毒性传染病有鸭瘟（鸭病毒性肠炎）、鸭流感、鸭病毒性肝炎、雏番鸭小鹅瘟、雏番鸭细小病毒病、雏番鸭"花肝病"、鸭"白点病"、新型鸭瘟、鸭副黏病毒病、鸭减蛋综合征、鸭法氏囊病、鸭痘、鸭圆环病毒病、禽网状内皮组织增生病等。

一、鸭　瘟

鸭瘟俗称大头瘟，又名鸭病毒性肠炎，是由鸭瘟病毒引起鸭、鹅和天鹅等雁形目禽类的一种急性、热性、败血性传染病。鸭瘟是鸭的重要传染病之一，发病率和死亡率都很高。临诊特征是全身性急性败血症，食道黏膜的灰黄色假膜，有一部分病鸭的头颈部肿大，故有"大头瘟"之称。

【病　原】　鸭瘟病毒属疱疹病毒属、疱疹病毒科、鸭疱疹病毒Ⅰ型，为球形带囊膜的双股双链 DNA 病毒。对外界环境抵抗力不强，不耐热，对酸碱和有机溶剂敏感，经 50℃ 90～120 分钟或 56℃ 10 分钟处理，均被灭活。在 pH 值 3 的酸性环境或 pH 值 11 的碱性环境中也很快被灭活。在 0.5% 漂白粉 30 分钟、5% 生石灰 30 分钟、75% 酒精 5～30 分钟都可使病毒致死或致弱。

【流行病学】 鸭瘟可感染不同日龄、不同品种的鸭，其中以番鸭、麻鸭和绵鸭最易感，北京鸭次之。在自然感染中，成年鸭尤其是产蛋母鸭发病较严重，20 日龄以内的雏鸭较少发病。本病一年四季均可发生，在运销旺季的春夏之际和秋季，极易造成本病的流行。

【临床症状】 潜伏期 2～5 天。病鸭发病初期，精神萎靡，体温迅速升高，可高达 43～44℃，食欲减少或废食，喜饮水。毛松脚软，行动迟缓，不愿下水，严重者伏地不起。眼流泪，有浆液或脓性黏液，眼睑肿胀，眼结膜充血。鼻孔分泌物增多，有稀薄或黏稠的液体流出。呼吸困难，叫声嘶哑。部分病鸭头颈部肿大，故称"大头瘟"。排绿色或灰白色稀便，稀粪常沾在泄殖腔周围羽毛上，有的泄殖腔松弛、水肿。产蛋母鸭群在死亡高峰期间，产蛋率下降 25%。

【病理变化】 剖检可见病死鸭皮肤有许多出血斑，有的病例几乎呈弥漫性紫红色，皮下组织常见炎性水肿，剪开有淡黄色透明的液体流出或见胶冻样浸润，尤以肿胀的头颈部皮下为甚。口腔舌下部、咽喉周围有溃疡灶，食道黏膜常见纵行排列的灰黄色假膜，假膜易剥离，剥离后可见溃疡斑痕。腺胃黏膜有出血斑点，有时在腺胃与食管膨大部交界处，有一条灰黄色坏死带或出血带，肌胃角质膜下层充血、出血。脾脏呈紫黑色，体积缩小。肠黏膜有出血性炎症，尤以十二指肠和直肠最严重。泄殖腔黏膜出血，常见黄绿色或灰黄色不易剥离的坏死结痂。

【诊　断】 根据特征性症状及病变（头肿、流泪、体温高，及食道、泄殖腔黏膜充血、出血和假膜性坏死，皮下胶样浸润等）可做出初步诊断，结合实验室诊断可做确诊。

【防治措施】 加强饲养管理，紧急预防接种，执行封锁、隔离、消毒是防治鸭瘟的综合措施。

1. 治　疗

对发生鸭瘟的鸭群，可肌内注射抗鸭瘟高免血清，成鸭 1 毫升 / 只。饲料中可加入药物拌料，用硫酸阿米卡星按 0.1%～0.02% 拌料，连用 3 天，同时还可添加多维、氨基酸、微生态制剂等。也可紧急接种鸭瘟鸡胚化弱毒苗，已发病的鸭只接种后 2～3 天内仍会加速死亡，正常情况下约 1 周时间，疫情可得控制。对疫区内尚未发病的鸭群，可用鸭瘟鸡胚化弱毒苗进行紧急免疫。疫苗的接种，应该做到一个针头一只鸭，以防病原经针头传播，用过的针头可以用水加热煮沸的方法消毒，轮换使用，以解决注射数量多而针头不够用的问题。

2. 预 防

鸭群要定期进行免疫接种，免疫程序依当地疫情而定。国内研制的鸭瘟活疫苗为鸭瘟鸡胚化弱毒冻干苗，是鸭瘟的常规疫苗，组织苗呈淡红色，细胞苗呈淡黄色。接种后 3～4 日产生免疫力，使用时用生理盐水稀释，肌内注射，雏鸭 1 头份 / 只。20～60 日龄的鸭 1～2 头份 / 只，肌内注射。2 月龄以上鸭的免疫量按鸭场的实际情况，结合说明书使用。

二、鸭 流 感

鸭流感是由正黏病毒科 A 型流感病毒引起的一种综合性传染病。水禽特别是鸭不仅是流感病毒的贮存库，而且已成为对禽流感自然感染、高度易感和死亡率高的禽类。高致病性禽流感亚型常导致鸭群的急性大批死亡，产蛋鸭产蛋量大幅下降乃至停止产蛋，给养鸭业造成巨大损失。

【病 原】 鸭流感病毒为 A 型禽流感病毒，属正黏病毒科、流感病毒属。禽流感病毒根据表面结构蛋白血凝素（HA）和神经氨酸酶（NA）抗原性的差异，目前又可分为 16 个 H 亚型，H1～H16；9 个 N 亚型，N1～N9，各亚型的抗原各具抗原特异性，不同亚型的抗体无交叉保护作用。我国目前引起鸭流感的主要禽流感病毒血清亚型为 H5N1、H9N2。

禽流感病毒对外界抵抗力不强，对乙醚、氯仿、丙酮等有机溶剂均敏感。常用消毒药都容易将其灭活，如甲醛、十二烷基磺酸钠、复合酚、含碘消毒剂、漂白粉、重金属离子等都能迅速破坏其传染性。病毒不耐热，56℃加热30分钟、60℃加热10分钟、65～70℃加热数分钟，100℃加热1分钟即丧失活性。紫外线照射、阳光直射48小时等多种方式均可杀灭该病毒。

【流行病学】　不同禽流感亚型毒株对鸭的致病力差别很大，潜伏期短则几小时至两三天，长则达二十天。禽流感H5亚型常引起小鸭较高发病率及死亡率，禽流感H9亚型常引起产蛋鸭产蛋率急剧下降。鸭感染本病后，常引发其他病毒性、细菌性继发感染，如易引起鸭霍乱、鸭疫里默氏杆菌病及大肠杆菌病的继发或并发感染，以致死亡率倍增。产蛋鸭发病后，产蛋率迅速下降，有的产蛋率缓慢回升，但很难恢复到原有水平。

本病每年10月至次年的4月多发，其他时间也会发生。寒流突袭，气温骤降，鸭群未经免疫，饲养环境差，易感染该病。

【临床症状】

1. 最急性型

常见雏鸭，发病时，病鸭废食，伏地不起，头颈下垂，两脚乱划摆，当天就死亡。

2. 急性型

病鸭体温升高，精神沉郁，腿软无力，伏卧地上，减食或废食，排白色或带淡黄色水样稀粪。有的病鸭出现头颈肿胀，流泪流鼻，有的病鸭有呼吸道症状，有的有神经症状，如勾头、摇头、转圈、乱窜等。死前喙、蹼充血、出血，呈紫色。有的脚部鳞片出血，呈紫红色。病程短，鸭群发病后2～3天内引起大批死亡。

最急性型、急性型鸭流感常为禽流感H5亚型所引起。

禽流感H9亚型常引起产蛋鸭产蛋率下降。产蛋鸭发病时症状不明显，采食正常，但产蛋率急剧下降，1周内下降30%～

90%不等，而且小形蛋、薄壳蛋、软壳蛋、畸形蛋增多，蛋壳褪色或呈花斑状，严重的甚至停止产蛋，然后产蛋率缓慢回升，但很难恢复到发病前的产蛋率，有的约经3周，产蛋率可回升至发病前70%～90%的产蛋水平。

【病理变化】　病死鸭剖检可见全身皮肤充血、出血，头颈部皮下、胸肌、腿肌呈成片出血，有的脑部有出血斑。喉头、气管充血、出血，有黏液性分泌物，腹部皮下充血，脂肪有散在性出血点，蹼充血、出血。心脏冠状脂肪有点状出血，心肌有灰白色条状或块状坏死灶。胰腺可见灰白色坏死点或出血点。脾脏肿大出血，表面有灰白色坏死点。腺胃与肌胃交界处有出血带，肝脏肿大，质地较脆，呈淡土黄色，有出血斑，胆囊肿大，充满胆汁。肾脏肿大，呈花斑状出血。十二指肠黏膜充血、出血，在空肠、回肠黏膜有呈灰白色或出血性或紫色溃疡环状带。产蛋鸭卵泡充血、出血，有的卵泡变形变性，有的破裂。

【诊　断】　根据流行病学、临床症状、剖检病变可做初步诊断，确诊须送检由有关资质单位规定进行。

【防治措施】　我国对高致病性禽流感的防控是采取强制免疫及隔离扑杀措施。

1. 免疫接种

这是预防和控制高致病性禽流感的首选方法。下面推荐的免疫程序仅供参考。

（1）肉鸭免疫程序

首免：7～10日龄，颈皮下或腿皮下注射禽流感H5亚型灭活苗，0.7～0.8毫升/只。有条件进行抗体监测的鸭场，可选在雏鸭母源抗体降到41og2时首免。

二免：21日龄，肌内注射禽流感H5亚型灭活苗，1毫升/只。

（2）种鸭、蛋鸭免疫程序

首免：7～10日龄，颈皮下注射禽流感H5亚型灭活苗，0.7～0.8毫升/只。有条件进行抗体监测的鸭场，可选在雏鸭母源抗体降到 41og2 时首免。

二免：35 日龄，肌内注射禽流感（H5＋H9）二联灭活苗，1.5 毫升 / 只。

三免：60～70 日龄，肌内注射禽流感（H5＋H9）二联灭活苗，1.5～2 毫升 / 只。

四免：产蛋前 2 周，肌内注射禽流感（H5＋H9）二联灭活苗，2 毫升 / 只，产蛋后视禽流感抗体的具体情况进行免疫。禽流感的免疫，各鸭场应根据禽流感抗体监测的具体情况制订免疫计划，产蛋前进行三次免疫或四次免疫都可行。

2. 疫情处理

发生禽流感疫情时，要及时上报有关部门，一经确诊为高致病性禽流感，应严格按国家规定的禽流感处理方案进行处理。对低致病性禽流感，可用抗病毒药治疗，以及抗菌药控制继发感染，控制病情发展。

三、鸭病毒性肝炎

鸭病毒性肝炎，俗称"背脖病"，是由鸭肝炎病毒引起的雏鸭一种急性、高度致死性病毒性传染病。临床特征为病鸭在临死时常常发生痉挛，头向背部后仰，呈"角弓反张"的特异姿势，故名"背脖病"。

【病　原】　鸭病毒性肝炎病毒的病原有 3 个血清型，Ⅰ 型、Ⅱ 型、Ⅲ 型。我国所报道的鸭病毒性肝炎病毒血清型为 Ⅰ 型。

Ⅰ 型鸭肝炎病毒对乙醚、氯仿、胰酶、常用消毒剂等有一定程度的抵抗力，能耐受 pH 值 3.0 的酸性环境，对热也有较强抵抗力，56℃ 1 小时仍有部分病毒存活，62℃ 30 分钟可使其全部灭活。不能凝集任何动物的红细胞，可在鸭胚、鸡胚和鹅胚的绒毛尿囊腔及鸡胚组织、鸭胚肾细胞、鸭胚肝细胞、鹅胚肾细胞和仔猪肾细胞中增殖。

【流行病学】　在自然条件下，病毒性肝炎只发生于3周龄以下的雏鸭，其中以1周龄以内的雏鸭最常发病，5周龄及成年的种鸭感染后虽不发病，但带毒、排毒。1周龄内的雏鸭病死率可达95％，1～3周龄的雏鸭病死率为50％或更低，4～5周龄的小鸭发病率与病死率较低。

本病的发生没有明显的季节性，一年四季均可发生，但主要发生在冬春季节。

【临床症状】　潜伏期短，为1～2天。雏鸭病初精神委顿，废食，眼半闭呈昏睡状，急性病例不久即出现神经症状，运动失调，两脚痉挛踢动，死前头向背部扭曲，呈"角弓反张"状态，并于出现此症状后十几分钟死亡。

【病理变化】　病死鸭喙端和爪尖淤血而呈暗紫色。剖检病变主要在肝脏，表现为肝脏肿大、质脆、发黄，表面有大小不等的出血斑或出血点；胆囊肿胀，胆汁充盈，脾有时肿大呈斑驳状；多数病例肾肿胀、充血；胰腺有时可见坏死点。

【诊　断】　根据流行病学和剖检病变（小鸭发病急、死亡快、死亡时间集中及肝脏有明显的出血点或出血斑等），即可做出初步诊断。

【防治措施】

1. 治　疗

（1）被动免疫　当发生鸭病毒性肝炎时，要马上肌内注射抗鸭病毒性肝炎病毒Ⅰ型的高免血清，0.5～1毫升/只，或注射该血清型高免卵黄抗体，1毫升/只，能够有效地控制病情的发展。为了防止继发感染的发生，可在饮水中按10升水加入1克盐酸环丙沙星。

（2）中草药治疗　（1000羽雏鸭用药量）板蓝根200克、茵陈200克、龙胆草150克、凤尾草250克、地锦草200克、大黄150克、柴胡150克、白芍200克、枝子200克、甘草100克，先用凉水浸泡0.5小时，后煎汁饮用，每天1剂，连用3～5天。

用此方剂治疗发病雏鸭 3 万羽左右，治愈率 95% 以上。此外，益肝汤、茵陈大枣汤等中药对该病有较好的防治作用。

2. 预 防

（1）种鸭免疫 免疫可使所产的鸭苗获得天然的被动免疫力。种鸭在开产前 1 个月，应注射鸭性肝病毒炎弱毒疫苗，2 周后再加强免疫 1 次。以后，每隔 4～6 个月加强免疫 1 次，种鸭所产的蛋孵出的鸭苗有较高的母源抗体水平，能更好地预防鸭病毒性肝炎的发生。Gough 和 Spackman 报道种鸭在 2～3 日龄时用 1 型病毒的活疫苗免疫，以后在 22 周龄时再用灭活苗免疫，可产生更高水平的中和抗体。

（2）雏鸭免疫 没有母源抗体的雏鸭，可在 1 日龄免疫接种鸭病毒性肝炎弱毒疫苗，1 羽份 / 只。有鸭病毒性肝炎母原抗体的雏鸭，可在 7～10 日龄免疫接种鸭病毒性肝炎弱毒疫苗，1 羽份 / 只。

四、雏番鸭小鹅瘟

雏番鸭小鹅瘟是由鹅细小病毒引起雏鸭的一种急性败血性病毒性传染病，主要侵害 3～25 日龄的雏鸭，以严重下痢和渗出性肠炎为特征，具有高度的传染性和高死亡率。

【病　原】 鹅细小病毒是细小病毒科、细小病毒属，属单股 DNA 病毒。对外界的抵抗力强，在 –25～–15℃ 的低温冰箱中能存活 9 年以上，56℃ 加热 3 小时仍能使鹅胚致死。对乙醚、氯仿、胰酶和酸的处理有抵抗力。

【流行病学】 3～25 日龄的雏鸭易感性极高。成年番鸭虽不发病，但可是带毒者。流行季节为冬末春初。

受鹅细小病毒污染的孵坊、饲料、饮水、用具等可传播本病。肉鹅和番鸭串养，暴发小鹅瘟的雏鹅可将病传染给雏番鸭，导致雏番鸭感染发病。

【临床症状】　自然感染的潜伏期为 3～5 天。按病程的长短可分为最急性型、急性型、亚急性型 3 种。

1. 最急性型　常见于 1 周龄内的番鸭。患鸭死前无明显症状，突然倒地死亡，或后仰蹬脚，抽搐，十几分钟或持续数小时后死亡。

2. 急性型　常见于 15 日龄的雏番鸭。患鸭病初精神沉郁，减食或废食，喜饮，羽毛松乱，翅膀下垂，卧地不愿动，闭眼呈昏睡状。鼻腔有浆液性鼻液，时时摇头甩出，沾于鼻孔周围。呼吸困难，喙端及脚蹼发绀。腹泻，排黄白色和绿色稀粪，肛门周围绒毛常被稀粪沾湿。临死前有明显神经症状，颈部扭转，突然倒地抽搐而死亡。

3. 亚急性型　多见于 25～30 日龄的雏番鸭。病鸭精神委顿，减食或废食，喜卧，腹泻，生长发育慢，消瘦。

【病理变化】　死于最急性型的雏鸭，由于病程短，可见小肠呈急性卡他性出血性炎症。死于急性型的雏鸭以卡他性肠炎为主，肠道肿胀，小肠的中、下段整片肠黏膜坏死、脱落，与纤维性渗出物凝固形成"肠栓"或假膜包裹在肠内容物表面，堵塞肠腔；肝脏肿大易碎，色淡。亚急性的病鸭肠道的"肠栓"病变更加典型。

【诊　断】　根据流行病学，结合典型的临床症状和病理变化，可做出初步诊断。结合实验室的病毒分离、中和试验、琼脂扩散试验等可确诊。

【防治措施】

1. 加强饲养管理及清洁消毒工作　雏番鸭育雏期间加强雏鸭的饲养管理，各种营养素要保证充足，育雏的温度、湿度、通风要合适。全面做好消毒工作，定期用高效消毒剂对育雏舍、用具、场地、周围环境等进喷洒消毒，尤其是孵坊更要认真搞好清洁卫生及消毒工作。

2. 发病时紧急接种　当发现雏番鸭患小鹅瘟时，立即皮下注射抗小鹅瘟高免血清，1.5～2 毫升 / 只，或抗小鹅瘟高免卵黄抗体，1～1.5 毫升 / 只，能迅速缓解患病雏番鸭的症状，促进患病雏鸭恢复健康。同时可在饲料、饮水中添加抗生素，以防继发细菌感染。

3. 免疫预防 雏番鸭在出壳后 1 天内，可用小鹅瘟弱毒疫苗或免疫接种雏番鸭细小病毒与鹅细小病毒二联弱毒疫苗进行免疫接种。

种母鸭必须在产蛋前 1 个月免疫接种小鹅瘟弱毒疫苗，2 周后再加强免疫 1 次，其所产种蛋孵化的雏鸭可抵抗小鹅瘟病毒的自然感染。

五、雏番鸭细小病毒病

雏番鸭细小病毒病俗称"三周病"，是由番鸭细小病毒引起的急性或亚急性病毒性传染病。其临诊特征是气喘，肝脏、胰脏等有白色坏死点，肠道有"肠栓"。

【病　原】 番鸭细小病毒属细小病毒科、细小病毒属，属于单链 DNA 病毒。仅引起雏番鸭发病致死，而对其他雏禽类不致病。该病毒对外界因素具有很强的抵抗力，耐乙醚、胰蛋白酶、酸和热，但对紫外线敏感。

【流行病学】 本病自然感染发病的动物只有雏番鸭，主要危害 1～3 周的雏番鸭，且日龄越小，发病率和死亡率越高，死亡率为 30%～80%，最高可达 100%。青年及成年番鸭感染后没有明显的临床症状。本病一年四季均可发生。主要传染源是病死雏番鸭、带毒番鸭。

【临床症状】 潜伏期为 2～7 天。按病程的长短可分为急性型和亚急性型。

1. 急性型 多见于 7～14 日龄的雏番鸭。病番鸭精神沉郁，减食或废食，垂翅独蹲，尾端向下垂。排黄绿色、灰白色稀粪。

鼻腔有浆液性分泌物，呼吸困难、喘气，喙端脚蹼发绀，倒地抽搐而死，有出现角弓反张衰竭而死。

2. 亚急性型 常见于 2 周龄以上雏番鸭。病番鸭精神沉郁，行走缓慢，两脚无力，喜蹲伏。排黄绿色、灰白色稀粪，常粘于肛门周围的羽毛。死亡率虽低，但患鸭生长发育受阻，成为僵鸭。

【病理变化】 肝脏稍肿，呈暗红色或灰黄色，胆囊肿胀，肝、脾、肾可见白色坏死点。胰脏肿大，有针尖大小灰白色坏死点。肠道黏膜充血、出血，呈出血性卡他性炎症，小肠中后段肿胀，剖检可见的灰白色或黄白色干酪样物的"肠栓"，肠芯呈褐色。

【诊 断】 根据流行病学（发病番鸭的日龄小，发病急）、临床症状及剖检见"肠栓"等特征性症状，可做出诊断。

本病与鸭小鹅瘟的鉴别要点如下：

（1）雏番鸭细小病毒病与鸭小鹅瘟都是由细小病毒引起的病毒性传染病，但鸭小鹅瘟肝、脾、肾、胰等脏器一般无白色坏死点。

（2）番鸭细小病毒只引起雏番鸭发病，不引起雏鹅发病。而鹅细小病毒可引起雏番鸭及雏鹅发病，鸭小鹅瘟与雏番鸭细小病毒病两者易继发或并发感染。可用 5 日龄的雏鹅和雏番鸭做易感动物感染试验。用 5 只 5 日龄的易感雏鹅和 5 只 5 日龄的易感雏番鸭分别注射被检病料，或被检鹅胚液、番鸭胚液。若雏鹅和雏番鸭均发病死亡，并且有小鹅瘟特征性病变，则为鸭小鹅瘟。若仅引起雏番鸭发病死亡，而雏鹅健活，则为雏番鸭细小病毒病。

【防治措施】 加强雏鸭的饲养管理，育雏的温度、湿度、通风要合适。做好免疫接种。

（1）对于刚发生雏番鸭细小病毒病的雏番鸭，立即皮下注射抗雏番鸭细小病毒高免血清，1～1.2 毫升／只，或皮下注射抗雏番鸭细小病毒高免卵黄抗体，高免卵黄抗体的效果较高免血清差。同时可在饲料、饮水中添加抗生素以防继发细菌感染。

（2）雏番鸭在出壳后 1～2 天内，可用雏番鸭细小病毒弱毒疫苗进行免疫接种，或免疫接种雏番鸭细小病毒与小鹅瘟二联弱毒疫苗。本病流行或本病严重污染的地区，雏番鸭出壳后可马上皮下注射抗雏番鸭细小病毒高免血清或抗雏番鸭细小病毒高免卵黄抗体，0.5 毫升 / 只。

（3）种母鸭必须在产蛋前 2 周免疫接种雏番鸭细小病毒弱毒疫苗，4 个月后再加强免疫 1 次，其所产种蛋孵化的雏鸭可抵抗番鸭细小病毒的自然感染。

六、雏番鸭"花肝病"

雏番鸭"花肝病"也称番鸭呼肠孤病毒坏死性肝炎，高发病率、高死亡率，是近十几年发生于番鸭的一种新的传染病。

【病　原】　番鸭呼肠孤病毒为呼肠孤病毒科、正呼肠孤病毒属，属 RNA 病毒。病毒对有机溶剂不敏感，对 pH 值 3、60℃～80℃处理及紫外线照射敏感，不凝集豚鼠、鸡、鸭、鹅、猪、山羊和人的红细胞。

【流行病学】　潜伏期为 5～9 天。发病率可达 100%，死亡率可高达 95%。本病多数报道只感染番鸭，也有报道半番鸭发生本病，其他品种的鸭不敏感。主要侵害 1～3 周龄的雏番鸭，以 10～15 日龄的雏番鸭最为严重，最小发病日龄为 3 日龄，4～9 周龄也可发病，但发病率与死亡率较低。一年四季均可发生，天气炎热、潮湿可以诱发。常与鸭疫里默氏杆菌病、大肠杆菌病、番鸭细小病毒病发生并发或继发感染。

【临床症状】　病鸭精神沉郁，羽毛蓬松，怕冷挤堆，减食或废食，脚软无力，喜蹲伏，排黄白色稀粪，脱水，消瘦，衰竭死亡。2 周以内的番鸭患病很少能耐过，耐过鸭生长发育受阻，成为僵鸭，没有饲养价值。

【病理变化】　病死鸭剖检可见肝脏肿大，呈暗红色，质脆，表面有弥散性、大小不一、灰白色坏死病灶。脾脏肿大，有大小不一灰白色坏死灶，呈斑驳状。胰、肾及肠壁等内脏器官有灰白色坏死性病灶。部分病例的胰脏有针尖大的出血点。肾脏充血、出血。有的病鸭有纤维素性肝周炎、心包炎、气囊炎等病变。

【诊　断】　根据发病日龄小、发病急、死亡率高的流行特点，结合肝脏、脾脏、胰脏、肾脏有大小不一、灰白色坏死点的特征性病变，可以做出初步诊断。结合动物回归试验、雏番鸭血清学保护试验，可确诊。

临床应注意其与鸭霍乱、雏番鸭细小病毒病的鉴别。

1. 与鸭霍乱的鉴别　鸭霍乱病鸭的肝上也有灰白色坏死点，但脾脏和胰腺等器官无灰白色坏死点；心冠脂肪有出血明显，雏番鸭"花肝病"较少见。

2. 与雏番鸭细小病毒病的鉴别　雏番鸭细小病毒病有喘气症状，而雏番鸭"花肝病"极少有呼吸道症状。雏番鸭细小病毒病主要病变是消化道充血、出血并形成"肠栓"，雏番鸭"花肝病"的病变主要为肝脏出现密集的灰白色针头大小的坏死点。

【防治措施】　本病可经过种蛋垂直传播，所以发生过雏番鸭"花肝病"的番鸭不能留做种用，为了更好防治雏番鸭"花肝病"，加强种蛋、孵化场所、孵化器的消毒显得很有必要。定期用高效消毒剂对育雏舍、用具、场地、周围环境等进喷洒消毒，对防治本病的发生有一定作用。

1. 预防接种　本病流行或严重污染的地区，雏番鸭出壳后1～2天内皮下注射抗雏番鸭"花肝病"高免卵黄抗体，0.5～1毫升/只，也可在雏番鸭出壳后1天内皮下注射抗雏番鸭"花肝病"卵黄抗体和抗番鸭细小病毒卵黄抗体二联抗体。

种番鸭在60日龄进行二免，开产前2周三免，3个月后再加强免疫1次。其所产的种蛋孵出雏番鸭具有抗雏番鸭"花肝病"母源抗体，可在 10 日龄左右免疫接种雏番鸭"花肝病"油乳剂灭活疫苗或雏番鸭"花肝病"弱毒疫苗。

未经免疫雏番鸭"花肝病"疫苗的种番鸭所产的蛋孵出雏番鸭，因缺乏雏番鸭"花肝病"母源抗体，应在 2～4 日龄免疫接种雏番鸭"花肝病"油乳剂灭活疫苗或雏番鸭"花肝病"弱毒疫苗。

2. 紧急免疫　对于刚发生雏番鸭"花肝病"的雏番鸭，尽快皮下注射抗雏番鸭"花肝病"高免卵黄抗体，1～2 毫升 / 只。同时可在饲料、饮水中添加抗生素以防继发细菌感染。

七、鸭"白点病"

鸭"白点病"是由鸭疱疹病毒Ⅲ型引起鸭的一种高致病性病毒性传染病。该病发病率、病死率均较高，常与大肠杆菌病、鸭疫里默氏杆菌病等并发感染，引起更高的发病率、病死率，对养鸭业造成极大的危害。

【病　原】　2001 年黄瑜等首次分离到鸭疱疹病毒Ⅲ型。本病毒为双股 DNA 病毒。不耐酸、碱、热，对氯仿处理敏感。

【流行病学】　番鸭、半番鸭、麻鸭、北京鸭、樱桃谷鸭、美国枫叶鸭、克里莫鸭和绍兴鸭等均可感染发生本病，但以番鸭易感性最强、死亡率最高。不同品种、不同日龄鸭感染该病后发病率、病死率差异较大，日龄愈小，其发病率、病死率愈高。以 8～25 日龄雏番鸭发病率、病死率最高，最高发病率达 100%，死亡率达 95%；其次是 50 日龄以上番鸭，发病率 80%～100%，病死率 60%～90%。半番鸭多在 1 月龄以上发病，发病率为 20%～35%，病死率为 60%。麻鸭多见于产蛋前后的发病，发病率低，病死率也较低，主要表现为产蛋下降。本病无明显的季节性，一年四季均有发生。可与鸭疫里默氏杆菌病、雏鸭副伤寒、大肠杆菌病、鸭霍乱并发或继发感染。

【临床症状】　病鸭精神高度沉郁、食欲和饮欲减退，软脚，多蹲伏，不愿活动。无规则地扭颈或转圈。严重腹泻，排白色或绿色稀粪，肛门四周羽毛沾满粪便。

【病理变化】　剖检病死鸭可见为肝脏、脾脏、胰腺、肾脏有数量不等、针尖大的白色或红白色坏死点。十二指肠、直肠等肠道可见出血及出血环。脑壳内壁、脑膜等轻度出血，胆囊充盈胆汁、极度鼓胀。

【诊　断】　根据特征性病变（肝脏、脾脏、胰腺、肾脏等内脏的针尖大白色坏死点），可做出初步诊断。结合实验室病毒分离、动物回归试验、中和试验，可确诊。

1. 与雏番鸭"花肝病"的鉴别　雏番鸭"花肝病"主要侵害 3 周龄内的雏番鸭，而鸭"白点病"不仅侵害番鸭、半番鸭、麻鸭等多个鸭种，而且发病日龄也不尽相同。雏番鸭"花肝病"主要剖检病变为肝脏、脾脏、胰腺、肾脏、肠道出现白色坏死点，而无肠道黏膜出血及出血环病变。

2. 与鸭霍乱的鉴别　鸭霍乱病死鸭的肝脏表面有大量白色坏死点，心冠脂肪及心肌外膜出血点，肠道严重出血。鸭霍乱是细菌性传染病，抗菌药物治疗有效。而鸭"白点病"是病毒性传染病，抗菌药物治疗无效。

【防治措施】

（1）做好检疫工作，防止从本病的疫区购进鸭苗。

（2）加强饲养管理与卫生消毒工作，做好雏鸭保温，补充多种维生素，提高鸭的体质及免疫功能。全面做好清洁消毒工作，定期进行消毒，防止病毒入侵。

（3）种鸭在产蛋前 2～4 周注射灭活苗，1 毫升 / 只。

（4）对无鸭"白点病"母源抗体的雏鸭，在 1 日龄即用番鸭"白点病"弱毒疫苗接种，1～2 头份 / 只，或注射番鸭"白点病"高免血清预防。对具母源抗体的雏鸭，可在 5～7 日龄用番鸭"白点病"弱毒疫苗进行预防接种。

（5）当发生本病时，应在发病初期马上注射鸭"白点病"高免血清，1毫升/只，或注射鸭"白点病"高免卵黄抗体，1毫升/只。同时使用抗菌药物、抗病毒药物及清热解毒的中草药，预防继发感染。添加适量的多种维生素、微量元素等营养物质，提高鸭体抵抗力，并实行严格的隔离消毒。

八、新型鸭瘟

新型鸭瘟是一种高发病率、高死亡率的病毒性传染病。主要特征为软脚、肿头、流泪、排黄绿色稀粪、肝脏出血和坏死、食道泄殖腔有溃疡和假膜等。该病 2002 年发现，2006 年相继有报道，由于发病症状与鸭瘟有相似处，但用防治鸭瘟的方法治疗却不见效，故业界称为"新型鸭瘟"。

【流行病学】 据报道该病发病季节多为 2～5 月。发病以10～30 日龄的雏肉鸭为主，蛋用鸭、番鸭也有发病。该病病程比较长。发病率高，死亡率高，雏鸭死亡率达 50%～100%，给养鸭业造成严重损失。

【病　原】 本病的病原为病毒，但未确认。刘红等采用 PCR方法，用鸭瘟病毒和呼肠孤病毒的通用引物扩增到了相应大小的条带，从病鸭中分离到类鸭瘟病毒、呼肠孤病毒等病毒。

【临床症状】 病鸭体温升高，精神委顿，食欲废绝，翅下垂，脚麻痹，走行困难，严重的趴在地上。本病的特征性症状是头颈部肿胀，眼睛流泪、眼睑水肿。病初流浆液性分泌物、眼周围的羽毛湿润、粘连，以后变成黏性或脓性分泌物、往往将眼睑粘连在一起而不能张开、严重者眼睑肿胀或翻出于眼眶外，鼻腔流出稀薄或黏稠的分泌物，呼吸困难，叫声嘶哑。排绿色或灰白色稀粪，用手翻开肛门，可见到泄殖腔黏膜有黄绿色的痂块。

【病理变化】 剖开肿胀的头部及颈皮下可见淡黄色胶冻样物，皮下严重出血。发病初期，口腔、食道、盲肠、直肠和泄殖腔等消化道的黏膜有出血斑点，随着病情的发展，先呈分散状黄白色痂块，逐渐融合成片呈淡黄色、灰黄色或黄绿色假膜。食道被覆淡黄色、灰黄色或黄绿色假膜，表面的皱褶与食道纵向平行。肝脏肿大，质脆，斑状出血和局灶性坏死。小肠前段黏膜充血、出血、部分小肠肿胀，呈环状出血，泄殖腔黏膜充血、出血、水肿，严重者泄殖腔外翻。

【鉴别诊断】　该病在临床症状、解剖症状与鸭瘟相似，两者的区别主要在肝脏的病征，鸭瘟肝脏病变为灰白色坏死点病变，而"新型鸭瘟"表现为出血局灶性坏死。

【防治措施】　该病目前尚无有效的免疫及药物治疗方案，对于发病鸭只能予以淘汰。但在发病初期可使用抗菌类药物、抗病毒类药物以及有清热解毒作用的中草药，预防并发症的发生。

预防应加强鸭群的饲养管理，在饲料或饮水中添加多维、补液盐，提高营养水平。加强消毒。

九、鸭副黏病毒病

鸭副黏病毒病是由副黏病毒引起的急性病毒性传染病。以前有关报道认为水禽对致病性副黏病毒具有抵抗力，但近年来，副黏病毒对鹅表现出较强的致病性，鸭患副黏病毒病也有报道，副黏病毒对水禽的危害应引起重视。

【病　原】　病原体是副黏病毒科鸭副黏病毒 I 型。本病毒能凝集鸡、鸭的红细胞。对温度、甲醛、紫外线、乙醚、氯仿、pH 值均敏感。

【流行病学】　鹅感染副黏病毒的病例常有报道，番鸭感染副黏病毒的病例报道尚不多。张训海报道鸭自然感染副黏病毒 I 型（WFooD 株），发病日龄为 18～70 日龄，20～50 日龄为发病高峰日龄，发病率为 20%～60%，死亡率为 10%～50%，有的鸭群发病率及死亡率均高达 90% 以上。本病发生和流行无明显季节性。

【临床症状】 病鸭精神欠佳，不断鸣叫，减食或废食，脚软蹲伏地面，后瘫痪。病鸭腹泻，排灰白色或黄绿色稀粪，体重迅速消瘦。部分病鸭后期可见摇晃、转头、扭颈等神经症状，继而衰竭而死。少数病鸭脚关节红肿。

【病理变化】 病死鸭剖检可见病鸭心冠脂肪有点状出血，肺出血。腺肌胃交界处出血，有的腺胃乳头出血。十二指肠、泄殖腔黏膜出血，整个肠道黏膜呈出血性溃疡。肝脏呈土黄色，有出血点。胆囊肿胀。脾脏肿大，有灰白色坏死灶，胰腺肿大，有大小不一灰白色坏死灶，少数有出血点。肾脏偶见轻微出血。

【诊　断】 根据流行病学、扭头神经症状及脑、肝脏、肠道出血等病变，结合血清学诊断方法的红细胞凝集抑制试验，可做出诊断

【防治措施】

（1）加强清洁卫生及消毒工作。

（2）严禁鸡、鸭、鹅混养。

（3）加强免疫监测。

（4）据有关报道，用鸡新城疫高免血清治疗患副黏病毒病病鸭有一定效果，免疫新城疫疫苗对鸭副黏病毒病有一定防治效果。

十、鸭坦布苏病毒病（鸭黄病毒病）

鸭坦布苏病毒病是一种近几年出现的新病毒病。病原属黄病毒科、黄病毒属，可通过节肢动物（如蚊、蜱、白蛉等）传播，人、家禽被这类节肢动物叮咬后可感染发病。

【病　原】 鸭坦布苏病毒具有典型的黄病毒形态特征，病毒粒子呈球形，有囊膜，表面有纤突，其对乙醚、氯仿敏感。病毒不耐热，50℃以上加热60分钟活性丧失，不能凝集鸡、鸭、鹅、

鸽、鼠、兔、猪和人的红细胞。

【流行病学】 该病主要危害各种蛋鸭、肉种鸭（樱桃谷鸭、北京鸭等）和野鸭，目前也有少量 20～30 日龄幼鸭、种鹅和蛋鸡发病的报道。在自然条件下，黄病毒属的大多数成员属于虫媒病毒传播，目前已经证实蚊、麻雀可携带病毒，二者在该病的发病过程中发挥重要作用。

病鸭能通过粪便排毒，污染环境和饲料等而造成传播。在病鸭的卵泡膜中病毒的检出率 93%。鉴于多数黄病毒通常可引起人兽共患性疾病，所以加强对本病的流行病学调查，不仅对鸭坦布苏病的防治至关重要，而且还有重要的公共卫生意义。

【临床症状】 病鸭采食量突然下降，2～3 天内采食量降至原来的 20%～30%；部分鸭停食，一般需 2 周左右采食量才能逐渐恢复。伴随采食量的骤降，产蛋率也急剧下降。1 周内可从高峰期的 90%～95% 下降到 5%～10%，甚至停止产蛋。一般在发病后 21～30 天产蛋量开始恢复，大部分鸭产蛋率能恢复到原来的 90% 左右。部分病鸭还表现为体温升高，排白色（绿色）絮状稀粪，发病后期有神经症状，行走不稳、瘫痪、角弓反张。该病感染率可达到 100%，在没有继发感染的情况下，死亡率很低，在 5% 以下。

【病理变化】 该病特征性病变卵巢充血、出血，输卵管水肿，有白色干酪样物质，有的卵泡破裂。部分病鸭肝包膜增厚，肝脏肿大、出血，脾脏肿大、出血，有白色坏死灶，呈"大理石样"。肾肿大，输尿管沉积大量白色尿酸盐。大脑水肿，脑膜血管充血。肠黏膜充血、出血。

【诊　断】 除了采用常规临床诊断方法及病毒分离外，还可以采用多种实验室快速诊断方法，从而提高对疾病的诊断效率及准确性。颜丕熙等建立了灵敏度的套式 RT—PCR 诊断方法。姬希文等利用纯化的鸭坦布苏病毒建立了间接 ELISA 检测方法。以上方法均能简单快速准确高效地诊断出鸭坦布苏病毒，为该病

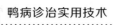

的防控提供了有力保障。

【防治措施】 本病目前尚无特效治疗药物，提高鸭群整体抗病力和控制继发感染是防治该病的主要措施。在病鸭饮水中添加氨基酸电解多维。将黄芪、黄芩、黄柏、大青叶、板蓝根、白头翁、苦参等研末，再加阿莫西林可溶性粉拌料，连喂 7 天，可控制病情的发展。合理应用抗生素防止继发细菌感染，鸭群可在 30 天左右恢复产蛋。

十一、鸭减蛋综合征

鸭减蛋综合征是由禽腺病毒属Ⅲ群的腺病毒引起的一种病毒性传染病。该病毒易感动物主要是鸡，鸭是该病毒的自然宿主，在一定条件下，可引发鸭群发病，产蛋量下降。

【病　原】 病原体是腺病毒科、禽腺病毒属Ⅲ群的 DNA 病毒。本病毒能凝集鸡、鸭、鹅的红细胞，能在 9～10 日龄的鸭胚上繁殖并分离到。对外界温度及化学药物的抵抗力不强，56℃只能存活 3 小时，70℃能将其灭活，0.3% 甲醛 24 小时可使之完全灭活。

【流行病学】 本病主要发生于产蛋鸭群。发病季节多见春季、冬季。死亡率很低。可经蛋垂直传播，也可通过呼吸道、消化道水平传播。

【临床症状】 发病初期症状不明显，后期精神沉郁，采食量明显下降，部分蛋鸭羽毛松乱，下痢，脱肛，死亡率很低。病鸭突然出现产蛋率大幅下降，比正常产蛋量下降 50% 左右，产软壳蛋、畸形蛋、小蛋，蛋壳表面粗糙，有的蛋清稀薄如水样。

【病理变化】 病鸭卵巢发育不良，输卵管萎缩，卵泡软化，有的输卵管黏膜水肿、出血，输卵管内滞留干酪样物质或白色渗出物。

【诊　断】 根据流行病学、临床症状及剖检病变，结合血清学诊断如红细胞凝集抑制试验，可做出诊断。

【防治措施】　由于该病是蛋传递病，为了减少该病的垂直传播，严禁到疫区引种，以及引进受该病毒污染的种蛋和种苗。同时要防止该病的水平传播，采取全进全出的饲养方式，不同日龄的鸭群隔离饲养，通过 HI 抗体检测及时淘汰该病阳性鸭，并实施严格的消毒措施。

种鸭和蛋鸭在产蛋前 2～4 周用产蛋下降综合征油乳剂灭活疫苗进行免疫接种，皮下注射，0.5 毫升 / 只；或用鸭减蛋综合征油乳剂灭活疫苗（或鸭减蛋综合征蜂胶灭活疫苗）皮下注射，1 毫升 / 只。

十二、鸭传染性法氏囊病

鸭传染性法氏囊病是由传染性法氏囊病病毒引起的免疫抑制性、急性病毒性传染病。鸭群染病后不仅死亡率、淘汰率增加，而且本病是免疫抑制病，使鸭群对多种疫苗的免疫应答下降，造成免疫失败，致使鸭群对多种疾病的易感性增加。

【病　　原】　鸭传染性法氏囊病病毒是双 RNA 病毒科、禽双 RNA 病毒属病毒，病毒颗粒无囊膜、直径 60 纳米，有一层外壳，二十面体对称。病毒对热（60℃ 30 分钟）稳定，在 pH 值 3～9、经乙醚或氯仿处理均不丧失其感染性。3% 煤酚皂溶液、0.2% 过氧乙酸、2% 次氯酸钠、5% 漂白粉、3% 石炭酸、3% 福尔马林可在 30 分钟内灭活病毒。

【流行病学】　本病发病急、潜伏期短、传染迅速，在出现症状后 1 天可见死亡，2～4 天达到死亡高峰。本病无明显季节性，主要经消化道、呼吸道感染。

【临床症状】　病鸭精神委顿、减食或废食、怕冷聚堆、羽毛蓬乱、眼半闭、不愿走动、卧地不起，有的病鸭口腔有黏液流出。下痢严重，初排灰白色混有大量白色尿酸盐水样稀粪，后排青绿色水样稀粪，肛门周围羽毛粘满污粪。病鸭严重脱水，消瘦虚弱，最后衰竭死亡。

【病理变化】 病鸭全身脱水。胸肌、腿肌有条状或点状出血。法氏囊出血、水肿，肿大至原来的2～3倍，变圆，有的外观呈紫葡萄状，外有一层黄色透明胶冻样物包裹，内有淡黄色糯糊状分泌物或干酪样物质，法氏囊黏膜有出血点。肾、脾有不同程度肿胀，并有出血或充血，肾色苍白并有尿酸盐沉积，有的呈花斑状。盲肠扁桃体出血。肌胃腺胃交界处有带状出血，有的肌胃角质膜易剥离。

【防治措施】 防治本病除了平时做好饲养管理及消毒外，可采取以下措施：

1. 紧急免疫 对病鸭可肌内注射抗鸡法氏囊高免卵黄抗体或抗鸡法氏囊高免血清，1～2毫升/只，连用2天。

2. 药物治疗 饮水中加入维生素C、葡萄糖或肾肿解毒药，饲料中加入富含维生素A的多维，同时适当降低饲料中蛋白质含量。有报道以清热解毒、滋阴生津中药为主，辅以西药防止细菌性继发感染收到较好的治疗效果，板蓝根500克、蒲公英300克、生地250克、金银花250克、白头翁300克、甘草100克，1剂/天（供1000羽鸭用）早晚水煎服，连用3～6天，为提高疗效，防止细菌性继发感染，在煎好的中药中加入10%恩诺沙星或环丙沙星，同时加入5%葡萄糖，经过3天的治疗，疫情基本控制，继续用药2天痊愈。

3. 免疫预防 本病常发地区，鸭群可用鸡传染性法氏囊病弱毒疫苗免疫接种，以预防本病，用量按说明。

十三、鸭圆环病毒病

鸭圆环病毒是2003年新发现的一种病原，各品种鸭均见有感染，可侵害免疫系统，导致机体免疫功能下降，易遭受其他疾病的并发或继发感染，从而造成更大的经济损失。

【病　原】　鸭圆环病毒属于圆环病毒科、圆环病毒属，无囊膜，呈圆形或二十面体对称，直径为 15 纳米左右，是目前已知最小的鸭病毒。

【流行病学】　各个品种的鸭都能感染本病，6～10 周龄鸭感染可表现临床症状。本病常与鸭瘟病毒、鸭肝炎病毒、鸭细小病毒、鸭疫里默氏杆菌、鸭大肠杆菌等病形成混合感染。我国学者在山东、福建、浙江、江西、福建、四川、浙江等地进行病鸭圆环病毒的检测发现，感染率从 1%～88.9%高低不一，其中山东、江苏、福建地区感染率较高。

【临床症状】　发病鸭生长发育不良、羽毛蓬乱、脱落，发育迟缓，消瘦，呼吸困难，贫血，免疫力低下，鸭群有零星死亡。本病易与鸭疫里默氏杆菌病、番鸭细小病毒病、雏鸭肝炎、禽流感等病混合感染。如与雏鸭肝炎病毒发生混合感染，则病程急、死亡快。病鸭大多死前全身抽搐，头仰脚蹬。部分鸭群扎堆、眼半闭、缩颈、羽毛蓬松。部分排黄白色稀粪。

【病理变化】　单纯发生圆环病毒的病鸭剖检变化为卵巢、脾脏、胸腺出现萎缩；若出现混合感染，则出现相应更加复杂的病变。

【诊　断】　目前，鸭圆环病毒的诊断方法有电镜法、核酸探针技术、聚合酶链式反应法（PCR）等，血清学检测方法还没建立。

【防治措施】　本病目前尚无可以治疗的特效药物和疫苗，防治较为困难。加强饲养管理是防止本病的发生的关键。

十四、鸭　痘

鸭痘是由痘病毒引起的一种急性接触性传染病。其临诊特征是在皮肤、口腔出现痘斑。本病虽在鸭中可发生，但并不严重。

【病　原】　痘病毒为痘病毒科、禽痘病毒属。

【流行病学】 各种日龄的鸭均可感染本病，但以雏鸭多见。本病常通过病鸭与健康鸭的直接接触传播，一般通过损伤的皮肤和黏膜感染。脱落的痘痂和痘疱中的脓液含有大量病毒，吸血昆虫及体表寄生虫常促进本病的传播。本病一年四季均可发生。

【临床症状】 病初体温稍高，反应迟钝，食欲下降，产蛋下降或完全停止。根据病毒侵害部位不同，分为皮肤型、黏膜型和混合型。

1. 皮肤型 在鸭体的无羽部位，如喙角、眼皮、脚、蹼处有大小不等的结节状痘样疹，有的汇集成较大的疣状结节。结节状病变干涸后成痂，痂脱落后留下暂时性的瘢痕。

2. 黏膜型 最初在口腔黏膜上及咽喉处有灰白色痘疹，在喙角处有结节样痘疹，痘疹逐渐化脓形成溃疡。眼睛先有水样分泌物，后来逐渐成脓性结膜炎，上下眼睑常黏合一起，严重时致使一侧或两侧眼睛失明。

3. 混合型 以上两种临床表现均有的称为混合型。

【防治措施】 认真做好平时的卫生工作，夏季、秋季要做好驱除吸血昆虫及体表寄生虫的工作。

病鸭应隔离治疗，可用碘酊涂擦痘疹，并在饲料中添加鱼肝油粉、土霉素。

十五、肉鸭心包积液综合征

肉鸭心包积液综合征是一种由腺病毒引起的传染性疾病，又叫安卡拉病（该病首次发现是在巴基斯坦卡拉奇附近的安卡拉地区，由此而得名）。近年来，该病导致肉鸭、肉鸡发病造成并不同程度的死亡，给养殖户带来很大的经济损失。

【病　原】 本病病原是腺病毒（安卡拉病毒）。

【流行病学】 肉鸭的发病日龄比较早，最早5日龄就会有发现心包积液情况，高峰为4～6周，日龄越小发病率越高，死亡率越高，一旦混合感染，死亡率更高。蛋鸭主要发生在25～80日龄青年鸭，特别是没有基础免疫的青年鸭一旦出现心包积液，死亡率都在30%以上。300日龄左右的产蛋鸭也有发病，但是死亡率低。

【临床症状】　发病鸭群前期没有预兆，多突然出现死亡，以中等和偏大鸭为主。发病初2～3天多表现突然死亡，但死亡率极低。之后病鸭精神萎靡，卧地不起，羽毛松乱，吃料减少，死亡率迅速上升，高峰持续1周左右，有混合感染的，如霉菌毒素、对肝肾有损害的药、传染性法氏囊病、传染性贫血等可以加速本病的死亡。

【病理变化】　主要表现心包积水，心包内有10～30毫升黄色透明积液，肝脏肿大，黄色，有条纹状或斑块坏死，出血；肺淤血，水肿；肾脏肿大出血，有的输尿管见有尿酸盐沉积。当有继发感染时腺胃有出血带，肠道出血斑。

【诊　断】　根据发病特征以及剖检变化可做出诊断。

【防治措施】　主要是保肝护肾以及预防混合感染的。

十六、肉鸭短喙与侏儒综合征

自2014年11月以来，在我国江苏、安徽、山东、江西、河南、河北等部分地区，商品肉鸭群发生了不明原因的以雏鸭发育迟缓，上下喙萎缩，舌头外伸、肿胀、向下弯曲为特征的疾病。该病的发病率为10%～30%，严重时可达50%以上。患鸭出栏体重较健康鸭降低20%～30%，严重者仅为正常体重的50%。部分患鸭出现单侧行走困难、瘫痪等症状。发病鸭群日龄越小，大群的发病率越高。感染鸭群料肉比显著升高，出栏合格率下降，在抓扑、屠宰过程中喙部、翅部骨骼和胫骨等易发生骨折。目前，该病的发病区域不断扩大，给我国养鸭业造成了巨大的经济损失。

山东农业大学动物科技学院的陈浩、刁有祥等根据流行病学调查，通过 PCR 检测、病原的分离鉴定及动物回归试验，确定了肉鸭短喙长舌综合征病原为一种新型鸭细小病毒。目前该病尚无有效的预防和治疗方案。

第三章

鸭细菌性疾病

一、鸭疫里默氏杆菌病

鸭疫里默氏杆菌病曾有多种名称：新鸭病、鸭败血症、鸭疫综合征、鸭疫巴氏杆菌病、鸭传染性浆膜炎等，由鸭疫里默氏杆菌引起的一种急性和慢性败血性细菌性传染病。其特征性病变是纤维素性心包炎、肝周炎、气囊炎。该病在各地常有发病流行，是一种对养鸭业危害极大的传染病。

【病　原】　鸭疫里默氏杆菌属里默氏杆菌属，为革兰氏阴性小杆菌，有荚膜，无鞭毛，不运动，不形成芽孢，呈单个、成双、偶尔呈链状排列。瑞氏染色多数菌体呈两极着色。本菌对理化因素的抵抗力不强，55℃加热12～16小时，全部失活。在室温条件下，多数菌株在固体培养基中存活不超过3～4天。

【流行病学】　鸭疫里默氏杆菌主要侵害小鸭，小鹅、火鸡、鸡、鹌鹑等多种禽类亦可感染发病。潜伏期一般为1～3天。主要侵害2～7周龄的小鸭，2～3周龄的小鸭尤为最严重，成年鸭较少发生本病。本病发病率、死亡率差异大，为5%～90%不等，卫生条件及饲养管理差的鸭场，或是鸭群并发其他疾病（如大肠杆菌），则发病率、死亡率可高达90%；卫生条件及饲养管理好的鸭场，死亡率较低。该病一年四季均可发生，但以阴冷、潮湿的春季、冬季多发。本病主要经呼吸道、消化道、伤口等途径传播。

【临床症状】 病鸭精神沉郁，食欲减退或废绝，两腿无力，伏地，不愿走动。有的眼、鼻有分泌物流出，眼眶周围的羽毛被分泌物粘连，形似"戴眼镜"。排黄白色或黄绿色稀粪。有的出现神经症状，头颈歪斜、震颤，站立不稳，前倒后仰，翻倒仰卧后不易翻转，发育不良，逐渐消瘦，衰竭死亡。本病耐过的鸭多成为僵鸭或残鸭。

【病理变化】 特征病变为全身浆膜表面的纤维素性渗出，表现为纤维素性心包炎、肝周炎、气囊炎。心包液增加，心外膜覆盖淡黄色纤维素渗出物，随着病情的发展，心包内的纤维素增厚，呈干酪样，心包膜增厚与心外膜粘连。肝肿大，质脆，呈土黄色或棕红色，表现覆盖一层灰白色或灰黄色纤维素膜，易剥脱。气囊壁浑浊增厚，被覆有灰白色或灰黄色纤维素性渗出物，呈气囊炎，腹部气囊有黄白色的干酪样渗透出物。有神经症状的病鸭剖检脑部充血，水肿。有的脾脏肿大，外观呈斑驳样，或表面有灰白色或灰黄纤维素性渗出物覆盖。

【诊　断】 根据流行病学、临床症状及剖检病变可做出初步诊断，确诊需做病原分离鉴定。

【防治措施】

1. 治疗 鸭疫里默氏杆菌极易产生耐药性，所以在选择防治药物时要用本地区或本场的分离株做药敏试验，选用高敏药物，治疗效果更有保证，可从庆大霉素、丁胺卡那霉素、氟苯尼考、喹诺酮类等药物中筛选。氟苯尼考可用于拌料治疗，喹诺酮类的环丙沙星或恩诺沙星可用于饮水治疗，同时可用黄芪多糖、电解质多维饮水。2%环丙沙星注射液，2～3周龄小鸭肌内注射0.3～0.5毫升/次，2次/天，连用3天。

2. 预　防

（1）改善鸭场的饲养管理和卫生条件，尽量减少应激，做好雏鸭的防寒保暖工作。加强消毒，实施"全进全出"的饲养管理制度，不同批次、不同日龄的鸭不能混养，要分开饲养。鸭群出栏后，要对用具、棚舍、水池、场地等进行全面清洗，实行严格的消毒，并要求空栏一段时间。

（2）制定科学的免疫程序，合理进行疫苗的免疫接种，有效地防控本病的发生。鸭疫里默氏杆菌血清型多，选择疫苗时应选择多价苗或用自家鸭场分离的菌株制备的灭活疫苗免疫接种，3～5日龄首免，0.25～0.5毫升/只，皮下注射；1～2周后二免，0.5～1.0毫升/只，肌内注射。由于鸭疫里默氏杆菌常与大肠杆菌并发感染，也可使用鸭疫里默氏杆菌及大肠杆菌二联苗接种预防。

二、鸭大肠杆菌病

鸭大肠杆菌病是由不同血清型致病性大肠杆菌引起的多种鸭大肠杆菌病的总称，包括败血症型、生殖器官型、关节炎型、眼炎型等，是危害养鸭业最为严重的细菌性传染病之一。

【病　原】　大肠杆菌为肠杆菌科、埃希氏菌属。其表面抗原有O抗原（菌体抗原）、K抗原（荚膜抗原）、H抗原（鞭毛抗原）等。不同的抗原使大肠杆菌具有很多的血清型，目前已知的有173个O抗原，74个K抗原，53个H抗原。据报道，引起鸭发病的血清型有O_1、O_2、O_6、O_8、O_{14}、O_{15}、O_{20}、O_{35}、O_{56}、O_{73}、O_{78}、O_{111}、O_{118}、O_{119}、O_{138}、O_{147}等。

本菌为革兰氏阴性短小杆菌，菌体两端钝圆，无荚膜，不产生芽孢，有鞭毛，能运动，多数散在排列，偶有2～3个菌体连在一起。

【流行病学】　各种日龄的鸭均可感染大肠杆菌。败血症型多发于2～6周龄雏鸭，关节炎型、眼炎型多发于1～2周龄雏鸭，生殖器官型多发于的产蛋高峰期。本病一年四季均可发生，但以春秋两季多发。传播途径主要为呼吸道、消化道，主要传染源为病鸭、带菌鸭。受污染的水源及饲料可传播疾病，其中大肠杆菌严重超标的受污染水源可导致鸭群经常发病。

【临床症状】 病鸭精神沉郁，减食或废食，腿软常蹲伏地上，不愿下水，排黄白带绿色的稀粪，有时稀粪中可见血丝，肛门周围羽毛沾满粪便，雏病鸭闭眼嗜睡，下痢的腹部膨大。成年病鸭可见腹部膨大并下垂，行走呈企鹅状。关节炎型表现为跗关节、趾关节肿大。眼炎型表现为眼肿胀，甚至失明。

【病理变化】

1. 败血症型 纤维素性心包炎，心包积液，心包膜浑浊增厚，表面覆盖有纤维素性渗出物；纤维素性肝周炎，肝脏肿大，表面有纤维素性渗出物包裹；气囊炎，气囊浑浊增厚，表面有纤维素性渗出物；腹膜炎，腹膜与肠粘连，腹腔内有纤维素性渗出物，有的有积液，剖开腹腔恶臭气味重。脾脏肿大，充血。

2. 生殖器官型 患病母鸭的主要病变为输卵管炎、卵巢炎，有的有卵黄性腹膜炎。输卵管黏膜有大小不一的出血斑出血点，输卵管内有大量的纤维素性块状渗出物。卵巢中，有的卵泡充血，有的卵泡破裂，有的卵泡萎缩，有的卵泡变形变色，呈褐色、黑色。腹膜增厚，腹腔中充满破裂的卵黄液。患病公鸭的主要症状为阴茎充血，肿大几倍，有的伸出体外无法缩回体内，阴茎表面有大小不一的黄色干酪样结节，患鸭丧失交配能力。当种蛋受大肠杆菌污染后，大肠杆菌通过蛋壳进入胚胎，形成垂直传播，在孵化过程中尤其是孵化后期大量出现死胚，孵化率极低，带毒的雏鸭出壳至三周龄陆续死亡。据报道鸭生殖器官型大肠杆菌病的主要致病血清型是 O_8、O_1、O_{158}、O_{28}。

3. 关节炎型 主要表现是跗关节、趾关节肿大，关节内液浑浊，有纤维素性渗出物。

4. 眼炎型 主要症状是眼肿胀，甚至失明，眼内有干酪样渗出物。

【诊　断】　根据流行病学、临床病状及剖检病变，可做出初步诊断，确诊需做病原分离鉴定。

【防治措施】

1. 加强管理　对水源要定期送检及消毒，保证鸭群的饮用水洁净合格。每天及时捡蛋，做好种蛋及孵坊的消毒工作，控制大肠杆菌病的垂直传播。

2. 免疫接种　我国致病性大肠杆菌的血清型较多，各个发病鸭场大肠杆菌的血清型可能各不相同，因此免疫所用的大肠杆菌疫苗要用与本场或本地区血清型相同的多价灭活苗，才能达到理想的防治效果。肉鸭在 1 周龄左右免疫，0.5 毫升 / 只，颈皮下注射。种鸭在 1 周龄左右首免，0.5 毫升 / 只，颈皮下注射。8 周后二免，1 毫升 / 只，肌内注射。开产前 2 周三免，1.5 毫升 / 只，肌内注射。以后可根据实际情况进行加强免疫。

3. 合理用药防治　大肠杆菌对新霉素、强力霉素、氟哌酸、卡那霉素、庆大霉素、阿莫西林等药物较敏感，但由于大肠杆菌对很多抗菌药物易产生抗药性，因此要用本场分离的致病性大肠杆菌做药敏试验，选择 2 种或 2 种以上的敏感药物交替使用来治疗本病，同时避免滥用药物，导致耐药菌株的出现。平时的预防用药也要根据药敏试验，筛选几种敏感药物，制定用药计划，定期轮换使用药物。

三、鸭霍乱

鸭霍乱又名鸭多杀性巴氏杆菌病、鸭出血性败血症（鸭出败），是由多杀性巴氏杆菌引起一种接触性、急性败血性细菌性传染病。病鸭为了排出堆积在喉头上的黏液，常甩头，故又称"摇头瘟"。

【病　原】　多杀性巴氏杆菌分 A、B、C、E 4 种荚膜血清型。鸭霍乱的病原体是 A 型多杀性巴氏杆菌，为卵圆形的革兰氏阴性短小杆菌，少数近似球形，瑞氏染色或美蓝染色镜检，可见两极着色的短小杆菌。

本菌的抵抗力不强，对热敏感，加热56℃15分钟，60℃10分钟可将其杀死，在 -30℃的低温条件下可保存较长时间。对酸、碱及常用的消毒剂很敏感，1%氢氧化钠、5%石灰乳、1%漂白粉、1%石炭酸、0.1%过氧乙酸、3%来苏儿、70%酒精很快可将其杀灭。

【流行病学】 各种日龄的鸭均可发病，但2周龄以下的鸭较少发病，病鸭及带菌鸭是本病的主要传染源，主要经呼吸道、消化道、黏膜、皮外伤传播。本病一年四季均可发生，但以高温多雨7～9月多发。多杀性巴氏杆菌是一种条件性致病菌，当鸭群饲养管理差、天气骤变、营养不良或其他疾病等不利因素影响下，鸭群易发病。

【临床症状】 自然感染的潜伏期短则几小时，长则2～5天。根据病程的长短，常分为最急性型、急性型、慢性型3种病型。

1. 最急性型 多发生于肥壮或高产鸭。病鸭无明显症状，突然乱蹦乱跳，仰腹蹬腿死亡，或是前一天正常，次日早晨却大批死亡。

2. 急性型 病鸭精神萎靡，羽毛松乱，食欲减少或废绝，不愿下水游泳，体温升高，张口呼吸，嗉囊内积食或积液，口和鼻腔有多量黏液，为排出积在喉头上的黏液，病鸭常摇头，故又称"摇头瘟"。腹泻，排绿色或白色有腥臭味稀粪，少数粪便带血。病鸭常于发病后1～2天内死亡。

3. 慢性型 急性型的后期，病鸭消瘦，一侧或两侧的关节肿胀，局部热痛，跛行或不能行走而死亡。

【病理变化】

1. 最急性型 有的无明显病变，有的可见心冠脂肪有出血点，肝脏有针尖大小灰白色边缘整齐的坏死灶。

2. 急性型 皮肤上、心外膜、心冠脂肪、腹部脂肪有出血斑点。心包膜变厚，心包内充满橙黄色的透明液体。鼻腔内充满黏液，鼻黏膜充血、出血。小肠呈卡他性肠炎，盲肠及大肠有出血点及出血斑，十二指肠弥漫性出血，肠内容物呈暗红色或胶冻样。肝脏肿大，表面有许多灰白色针尖大小边缘整齐的坏死点和出血点。肺充血出血，肾脏稍肿大，有的有出血点。卵巢充血、出血、破裂。

3. 慢性型 鼻腔内呈卡他性炎症，肿胀的关节中有红色黏稠液体及黄色干酪样物。

【诊　断】 根据流行病学、临床症状及剖检病变，可做出初步诊断，确诊需做病原分离鉴定。

【防治措施】

1. 治　疗

（1）**西药治疗** 磺胺类药物和抗生素对鸭霍乱均有良好的防治效果，如磺胺嘧啶、磺胺甲基嘧啶、磺胺异噁唑及它们的钠盐，青霉素、链霉素、卡那霉素、壮观霉素、头孢拉定、阿莫西林等，治疗时必须保证药量足够，病情得到控制后不要马上停药，应继续用药到疗程结束，具体用药按常规药敏试验筛选高敏药物为好。

（2）**中药治疗** 鲁华柏等用《外台秘要》中的黄连解毒汤为基础方治疗鸭出败8万多只，治愈率达93.7%，收到令人满意的疗效。方用黄连解毒汤加味：黄连450克，黄芩300克，黄柏300克，栀子450克，穿心莲450克，板蓝根450克，山楂1000克，神曲1000克，麦芽1000克，甘草200克，水煎拌料喂服，每天1剂，连用3天，对不采食的病鸭取煎液直接灌服，用药后死亡明显减少，且未见复发。

2. 预　防

（1）**加强管理** 加强日常饲养管理及卫生清洁工作，按时对用具、鸭舍进行消毒，不从疫场或疫区引种。

（2）**疫苗免疫** 种鸭用禽霍乱油乳剂灭活苗2周龄首免，开

产前 2 周二免，以后每隔 2～5 个月加强免疫 1 次。肉鸭只需免疫 1 次。

四、鸭沙门氏菌病

鸭沙门氏菌病又名鸭副伤寒，是由沙门氏菌属细菌引起的一种急性和慢性传染病。使鸭发病的沙门氏菌主要是鼠伤寒沙门氏菌、肠炎沙门氏菌、鸭沙门氏菌和其他沙门氏菌，主要侵害雏鸭引起急性发病及死亡，中鸭、成鸭常呈慢性经过或隐性带菌。沙门氏菌是重要的人兽共患病病原，也是污染食品及引起食物中毒的主要病原菌，多年来在我国细菌性食物中毒和发病人数排第一位，其防治具有非常重要的公共卫生意义。

【病　原】　沙门氏菌是两头略圆的革兰氏阴性粗短杆菌，无荚膜，不产生芽孢，有鞭毛，能运动。

本菌的抵抗力不强，对热和大多数消毒药很敏感，加热 60℃ 15 分钟可将其杀灭，碱类、酚类、甲醛等消毒剂对其有很强的杀灭效果，但本菌在粪便和土壤上可保持 1～2 年的活力。

【流行病学】　幼鸭对沙门氏菌非常易感，尤其 3 周龄以下雏鸭可因败血症而死亡，死亡率最高可达 80%。鸭对沙门氏菌病的抵抗力随着日龄的增长而增强，3 月龄以上鸭感染后多呈慢性经过或隐性带菌。传染源主要是病鸭与带菌鸭，患病鼠类也是重要的传染源。本病可经种蛋垂直传播，种蛋受病原污染可导致胚胎死亡或者孵出带菌的雏鸭，这是造成弱雏的重要原因。

【临床症状】　不同日龄阶段的鸭感染沙门氏菌后临床表现各不相同。

1. 鸭胚　由于种蛋受污染，造成死胚或啄壳后死亡。

2. 幼鸭　急性病例常发生在 3 周龄以内的雏鸭。病鸭精神萎靡，缩颈呆立，不愿活动，食欲减少，饮欲增加，下痢，排黄绿色稀粪，肛门被稀粪黏糊，两眼流泪或有黏性分泌物，最后角弓反张，抽搐死亡。

3. 中鸭、成鸭　慢性病例常发生在中鸭和成鸭，表现为精神不振，食欲降低，严重时下痢带血，逐渐消瘦，有的关节肿胀、跛行。死亡率不高，病鸭成为带菌者，当有其他病继发感染时，可导致死亡。有的母鸭停止产蛋。

【病理变化】

（1）种蛋受污染而死亡的初生雏鸭主要病变是卵黄吸收不全，脐炎，俗称"大肚脐"，卵黄黏稠，色深。肝脏稍肿、淤血，肠黏膜充血、出血。

（2）日龄稍大的急性死亡雏鸭，可见肝脏肿大，边缘钝圆，呈古铜色，表面有灰白色小坏死点。胆囊肿大，胆汁充盈。脾脏明显肿大，有灰白色小坏死点。整个肠道黏膜充血、出血，表面可见针尖大灰白色坏死点，有的肠黏膜坏死脱落，形成一层糠麸样物，有的盲肠肿胀，内有干酪样物的栓子。肾脏色泽变淡，有尿酸盐沉积。有的可见心包炎和心肌炎，气囊浑浊，常附着黄色纤维素性渗出物。

（3）慢性病例可见心脏有坏死性结节，肝脏、脾脏、肾脏肿大，肠黏膜坏死，有的母鸭可见卵巢、输卵管变形及腹膜炎。有的病鸭可见关节炎。

【诊　断】　根据临床症状和病理变化，做初步诊断，确诊需做病原分离鉴定。

【防治措施】

1. 治疗　经药敏试验，选取高敏药物进行治疗，可收到良好的治疗效果。可用庆大霉素肌内注射治疗，4～5万单位/只，连用3～5天。氟哌酸或强力霉素，拌料饲喂，150毫克/千克饲料，也可用环丙沙星、恩诺沙星、新霉素、氟苯尼考、硫酸丁胺卡那霉素和头孢噻肟钠等药物。当鸭群病情较轻对食欲影响不大时，可按治疗剂量拌料喂给，连用3～5天。当鸭群病情较重时，要选用抗生素注射剂，全群进行肌内注射。每天1次，连续治疗2～3天，即可治愈。

2. 预 防

（1）加强种蛋及孵化场的卫生消毒工作，防止本病经蛋传播，如合理设计产蛋窝，增加捡蛋次数，将蛋及时放入蛋库，孵化房及孵化器实行严格的消毒制度。

（2）种禽群要做好净化工作，防止本病的垂直传播。

（3）搞好环境卫生消毒工作，做好育雏工作。

五、鸭葡萄球菌病

鸭葡萄球菌病是由金黄色葡萄球菌引起的一种急性或慢性环境性传染病，主要表现出为关节炎、脐炎、腹膜炎、脚垫肿、皮肤疾患，常引发死亡，给养鸭业造成较大的损失。

【病　原】　金黄色葡萄球菌属革兰氏阳性球菌，无鞭毛，无荚膜，不产生芽孢，病料或液体培养基中的菌体成对或呈短链状排列，固体培养的菌体涂片，呈典型的葡萄串状。

本菌的抵抗力极强，对干燥、热、9%氯化钠都具有抵抗力，在干燥的脓汁或血液中可存活数月，反复冷冻30次还能存活，70℃加热2小时，80℃加热30分钟才能杀死，煮沸可迅速将其杀灭。消毒药物中石炭酸对其杀灭效果为最好，3%～5%石炭酸10～15分钟，70%消毒酒精几分钟可将其杀灭，0.3～0.5%过氧乙酸也有较好的消毒效果。

【流行病学】　各种日龄的鸭均可感染本病，但临诊上以20～40日龄的鸭多发。金黄色葡萄球菌不仅广泛存在于自然环境中，也存在于鸭的皮肤、羽毛、肠道中，所以金黄色葡萄球菌通过各种途径入侵鸭体，诱发本病发生。创伤是感染本病的主要传染途径，如断喙、免疫接种、刮伤、刺伤、啄伤、公鸭踩伤等，经呼吸道、消化道传播及雏鸭脐带感染也是常见的途径，管理不当、营养缺乏、感染其他疾病也可成为本病发生的诱因，还可以通过种蛋传播。本病一年四季均可发生，以高温、多雨、潮湿的夏季多发。

【临床症状】 本病根据临诊表现可分为关节型、脐炎型、皮肤型、趾瘤型、眼型等到病型。

1. 关节型 多见中鸭和成鸭。发病初期病鸭精神沉郁食欲减退、行走缓慢，随后一侧或两侧跗关节周围的结缔组织增生，关节畸形跛行或不能行走，触诊发热，有波动感。关节周围的结缔组织增生，使关节畸形。病程一般 2～6 天，逐渐消瘦衰弱而死亡。

2. 脐炎型 常见于 7 日龄以内的雏鸭，尤以 3 日龄以内的为甚。病雏鸭精神委顿，食欲差，怕冷聚堆，不愿走动，常蹲伏，腹部膨大，脐孔闭合不全，脐部发炎肿胀，局部呈黄红色或紫黑色。

3. 皮肤型 多见于 2～8 周龄的鸭，尤其是肉鸭。病鸭多因皮肤外伤感染，精神不振，减食或废食，羽毛松乱，嗜睡，排灰白色或黄绿色稀粪，胸腹部、大腿内侧皮肤呈坏死性炎症，皮下炎性肿胀，患部皮肤呈蓝紫色。随着病情的发展，皮下化脓，引起全身性感染，有的破溃，流出黄棕色或棕褐色液体，最后衰竭而死。

4. 趾瘤型 多见于成年鸭，鸭脚趾有长趾瘤，脚垫和脚蹼肿胀，皮肤皲裂，渗出脓液和血水，有的趾尖呈黑紫色坏死。

5. 眼型 眼睑肿胀明显，分泌物增多，随着病情的发展，眼睛肿至黏合，失明，由于不能采食面饿死或衰竭而死。

【病理变化】

1. 关节型 关节肿胀处皮下水肿，关节液增多，滑膜增厚，充血或出血，在关节囊内或滑液囊内有浆液性或纤维素性渗出物，发病后期变成脓性渗出物或黄白色干酪样坏死物。

2. 脐炎型 卵黄吸收不良，呈黄色或暗灰色液体状。心包腔内有黄红色半透明积液，肝脏肿大出血。脾脏肿大。十二指肠出血。腺胃黏膜潮红，个别乳头出血。有的肺出血，液化较重。

3. 皮肤型 皮下有出血性胶冻样浸润，胶冻液呈黄棕色或棕褐色，有的病例心外膜有小出血点。肝脏肿大，质地较硬，呈淡黄绿色，有黄白色点状坏死灶。

【诊　断】 根据流行病学、临床症状及剖检病变，可做出初步诊断，确诊需做病原分离鉴定。

【防治措施】

1. 治疗 对于关节肿胀者，先用已灭菌的注射器抽出渗出物，再注入3%双氧水清洗，然后用生理盐水冲洗，抽出洗液后，注射5%氧氟沙星溶液2～3毫升，每隔2天用1次，连用2次，第3次用0.01%高锰酸钾溶液冲洗后注入3%碘甘油后即可。

全群治疗可以选用氟苯尼考、红霉素、庆大霉素和卡那霉素等药物，还可添加鸭专用维他。

2. 预防 加强管理，一方面做好消毒工作，用百毒杀、复合酚、烧碱轮换对全场进行彻底消毒。防止异物性外伤，运动场内要清除铁钉、铁丝、破碎玻璃等尖锐异物及细丝线、棉线等，防止鸭掌被刺破或鸭腿被缠绕受损伤而感染。患鸭损伤的皮肤可用碘酒或紫药水涂擦患处，防止感染。接种疫苗时，应选用适当孔径的注射针头，同时要做好针头消毒工作。

六、鸭链球菌病

鸭链球菌病是由链球菌引起的急性传染病，主要引起雏鸭的急性死亡，成年鸭也可发病。本病虽然在鸭群中较少发生，但一旦发生，损失严重。

【病　原】 鸭链球菌病的病原体主要是兽疫链球菌，为革兰氏阳性球菌，呈单个散在。成对或短链排列，比葡萄球菌小，不运动、无芽孢。

【流行病学】 各种日龄的鸭均易感，但以雏鸭最易感。传染源主要是病鸭和带菌鸭。常经消化道、呼吸道传播，也可经雏鸭的脐带及损伤的皮肤感染，种蛋也会因受污染而传播本病，受污染的种蛋孵出带菌的雏鸭。鸭舍潮湿，空气污浊，卫生条件差是本病的重要诱因。本病发病无明显季节性。

【临床症状】 病鸭精神委顿，食欲减退或废绝，羽毛蓬乱，缩颈怕冷，排灰绿色稀粪。病鸭不愿行动，步态蹒跚，强行驱赶时走不了几步就倒下，或仰卧后不易翻转过来，腹部膨胀，濒死鸭出现痉挛或角弓反张等症状。发病急、病程短，常在2～3天内死亡。

【病理变化】 剖检可见全身性败血症，实质器官尤为严重。心冠脂肪、心内外膜有出血点，心包积液。脾脏肿大呈圆球状，有出血点和坏死灶。肝脏肿大、淤血呈暗紫色，有出血点和坏死灶。肺淤血水肿，肾淤血稍肿。有的肠黏膜有卡他性炎症，有出血点。有的角质膜糜烂，出血。病程长的出现纤维素性关节炎、卵黄性腹膜炎和纤维素性心包炎，肝、脾、心肌等实质器官出现炎性变性坏死病灶。受污染种蛋孵出的雏鸭常出现脐炎，卵黄吸收不良。产蛋鸭可见卵黄性腹膜炎。

【诊 断】 根据流行病学、临床症状及剖检病变，可做出初步诊断，确诊需做病原分离鉴定。

【防治措施】

1. 治疗 当发生链球菌病时，最好先进行药敏试验，筛选两种以上高敏药物交替使用，进行治疗。青霉素注射，3万～5万单位/千克体重；或青霉素加链霉素混合注射，各用3万～5万单位/千克体重。庆大霉素注射，3 000～5 000单位/千克体重；或饮水，1万单位/只，每天2次。同时口服补盐，连用3～5天。

治疗的同时用0.01%百毒杀对鸭舍、场地等环境进行消毒，连用3～5天。

2. 预防 加强种蛋的管理工作，防止种蛋的污染，产蛋窝

要保持干燥，勤换垫草，及时捡蛋，种蛋收集后及入孵前均用甲醛熏蒸消毒。加强饲养管理，保持鸭舍的干燥，避免鸭皮肤及脚掌创伤，防止链球菌的感染。

七、鸭绿脓杆菌病

鸭绿脓杆菌病是由绿脓假单胞菌引起侵害雏鸭的一种急性传染病。随着集约化养鸭业的发展，该病发病率逐渐上升，应引起集约化养鸭业的重视。

【病　原】　鸭绿脓杆菌属假单胞菌科、假单胞菌属，为革兰氏阴性杆菌，菌体两端钝圆，一端有鞭毛，运动活泼，有荚膜，能形成芽孢。

本菌对消毒药的抵抗力弱，0.5%～1%醋酸也可迅速使其死亡。1∶2000的新洁尔灭，1∶5000的消毒净在5分钟内均可将其杀死，有些菌株对磺胺药及链霉素敏感，但极易产生耐药性。氨基糖甙类、头孢类等抗生素作用较明显。

【流行病学】　绿脓杆菌广泛分布于自然界的土壤、水中，动物体表、肠内容物等处都有本菌存在，鸡、火鸡、鸵鸟是最常见禽类宿主。绿脓杆菌是一种条件性致病菌，当机体抵抗力下降、孵化环境污染、饲养密度过大或病原菌通过破损皮肤进入机体时，引起雏鸭群发病。本病多发于4周龄内的雏鸭。一年四季均可发生，但以春季多发。

【临床症状】　病鸭精神沉郁，食欲减退，羽毛无光泽，两翅下垂，运动失调、震颤、卧地不起，跗关节肿大。眼睛流泪，角膜浑浊有结膜炎。眼睑肿胀，有的化脓结痂。腹部膨大，腿、腹部皮肤呈绿色，手压柔软，有的颈部皮下水肿，严重的病雏鸭两腿内侧皮下也水肿。排黄绿色粪便，泄殖腔黏膜外翻并有出血点。呼吸声粗且有啰音，最后呼吸困难，极度衰竭而死。

【病理变化】　心包积液，积液为淡黄色液体，心外膜有出血点。肿胀的头颈部皮下剖开有淡绿色胶冻样渗出物，并有出血点。胸腹部有绿色胶冻样渗出物。肿胀膝关节有绿色胶冻样渗出物。卵黄吸收不良。腹膜发炎，腹腔内有积液。肝脏肿大，表面有大小不等的出血点和针尖大小的坏死灶。脾脏稍肿大，出血，呈紫色。肾脏肿大，有出血点。十二指肠出血。

【诊　　断】　根据流行病学、临床症状及剖检病变，可以做出初步诊断，确诊需做病原分离鉴定。

【防治措施】

1. 治疗　治疗本病要经药敏试验选用高敏药物。庆大霉素，肌内注射，5 000 单位 / 千克体重，2 次 / 天，连用 3～5 天。阿米卡星注射液，肌内注射，3 万单位 / 千克体重，1 次 / 日，连用 3～5 天；诺氟沙星，按 0.01% 拌料，连用 5 天。还可用新霉素、多黏菌素、丁胺卡那霉素、甲磺酸培氟沙星可溶性粉，连用 3～5 天。同时在饮水中可添加电解多维、维生素 C、维生素 K_3。

2. 预防　搞好环境卫生，做好消毒工作，尤其是对孵化房的消毒工作，更要做好。种蛋在孵化之前要用甲醛熏蒸消毒。

八、鸭 丹 毒

鸭丹毒是由丹毒丝菌属红斑丝菌引起鸭的一种急性败血性传染病。主要病变特征是心外膜有点状出血，皮肤和脏器有出血点和坏死性病变。

【病　　原】　红斑丹毒丝菌为革兰氏阳性杆菌，无荚膜，不形成芽孢，不活动单个存在或形成短链，粗糙型的菌落涂片可形成长丝状，且有分支状及断裂。本菌能耐低温干燥，但不耐湿热，55℃加热 15 分钟可将其杀灭。1% 漂白粉、5% 石炭酸可使其灭活。

【流行病学】　本病各种日龄的鸭均可感染，但以 2～3 周龄的幼鸭多发。猪是本病最危险的传染源，本病可经皮肤外伤或消化道感染。本病一年四季均可发生。鸭舍温度骤变是发病的重要诱因。据报道，鸭喂食感染丹毒的鱼类及下脚料可引发本病，用曾发生过猪丹毒病的猪舍养鸭可发生鸭丹毒。

【临床症状】 病鸭体温升高，可达43.5℃，精神委顿，羽毛松乱，废食，排黄绿色稀粪，呼吸急促，常于发病后2～3天内极度衰弱而死亡。有的死鸭口流出暗黑色血液。慢性病例表现为关节炎和生长发育不良。

【病理变化】 皮肤有大量大小不等的出血斑或红斑，心外膜、冠状沟有出血点，胸膜、肺脏有出血斑。肝脏肿大，呈黄色，质脆呈斑驳状，有的有针尖大小的米黄色病灶。脾脏肿大，质软呈黑紫色。腺胃和肠道内有暗红色血样液体，小肠、直肠、泄殖腔均有点状出血。肿胀的关节中充满液体，从这些液体中可分离出丹毒杆菌。

【诊　断】 根据流行病学、临床症状及剖检病变，可做出初步诊断，确诊需做病原分离鉴定。

【防治措施】

1. 治疗 首选青霉素，肌内注射，雏鸭每只2～4万单位，成鸭每只20万单位，每天2次，连用2～3天。红霉素、土霉素等对本病也有良好的治疗效果。可用红霉素片溶于饮水中，100毫克/升，连用3～5天；或加于饲料中，20～50毫克/千克，连用3～5天。

用抗猪丹毒血清治疗本病效果很好，但不易购到且价格较高。

2. 预防 本病菌经普通的加热灭菌可被杀灭，常用的消毒剂也能将其杀死，所以只要加强鸭舍及用具的清洁消毒工作，保持鸭舍干燥、洁净，就能有效地防止本病经鸭舍及用具传染。鸭场与猪场应有一定的距离，不能靠得太近。不要用不洁的淘汰鱼及其下脚料喂鸭，用鱼类及其下脚料喂鸭，要煮沸煮熟。

九、鸭结核病

鸭结核病是由禽分枝杆菌引起的一种慢性细菌性传染病。主要危害成年鸭，引起成年鸭进行性消瘦、贫血、产蛋率降低或停产。

【病　　原】　禽分枝杆菌属分枝杆菌属，为革兰氏阳性杆菌，呈棒状或球菌状，无芽孢、无荚膜，不能运动，姜－尼氏染色呈红色。

本菌对外界环境的抵抗力较强，对于干燥、低温的抵抗力尤其强，在干燥环境中可存活6～8个月，在0℃以下存活4～5个月，土壤中可存活2年以上。不耐热，对湿热的抵抗力弱，60℃30分钟失去活力，太阳光照射4小时能将其杀灭，对紫外线较敏感。

【流行病学】　本病主要发生于成年鸭和老龄鸭，雏鸭发病的报道不多见。传染源是病鸭。病菌经消化道、呼吸道传播。病鸭排泄物中含大量禽结核杆菌，污染土壤、水源、鸭舍、用具、垫草及饲料，健康鸭摄食后即可发生感染。本病一年四季均可发生。

【临床症状】　潜伏期长，一般在2～12个月。病鸭精神萎靡，不愿下水，极度消瘦、贫血而死。产蛋率下降或停产，种蛋孵化率和出雏率相应降低。幼鸭发病常出现精神沉郁。不爱活动，呼吸困难，张口喘气，咳嗽，头颈长伸，逐渐消瘦，最后因窒息或极度衰竭死亡。

【病理变化】　成年鸭的主要剖检病变为皮肤苍白；肌肉萎缩；胸骨突出如刀状；胸部及全身肌肉遍布黄豆至花生米大小不等的白色结节；肝、脾脏肿大，表面凹凸不平，里面填满大小不一的灰白色结节；肺脏布满大小不一的灰白色结节，切开结节里面可见黄白色干酪样物，质地较硬，但无钙化现象。幼鸭的病理变化

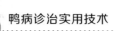
较成年鸭轻，主要表现为肺脏、肝脏、肾脏充血、出血，肺、肝脏表面可见粟粒大小的灰白色结节，气管、支气管充血，有浆液性分泌物。

【诊　断】　根据流行病学、临床症状及剖检病变，可做出初步诊断，确诊需做病原分离鉴定。

【防治措施】

（1）种蛋要定时收集，入孵前进行熏蒸消毒。

（2）对于商品鸭一旦发现有鸭结核病感染，一般不做治疗，建议立即全群淘汰。同时鸭舍及用具彻底用生石灰与漂白粉消毒。

（3）对于种鸭群要定期检疫，发现阳性鸭立即淘汰，直至无阳性检出为止。对于病死鸭要做焚烧或深埋无害化处理。

十、鸭伪结核病

鸭伪结核病是由伪结核耶尔森氏菌引起鸭的一种细菌性传染病。病初以急性败血症为病症，逐渐呈慢性经过，主要表现为肝、肺、脾等内脏器官有结核样病变的黄白色坏死结节。

【病　原】　伪结核耶尔森菌为革兰氏阴性杆菌，呈球形和长丝状，无荚膜，不形成芽孢。

该菌有 5 个血清型和 6 个亚型，侵害禽类的主要为 Ⅰ 型、Ⅱ型、Ⅳ 型，Ⅲ 型较少见。

该菌很易被阳光、干燥、加热或普通消毒药所破坏，对低温抵抗力较弱。

【流行病学】　雏鸭和中鸭对本病易感，鸡、珍珠鸡及一些鸟类也是易感动物。病鸭是主要传染源。可经受污染的土壤、饲料、饮水传播，消化道感染是本病重要传播途径。寄生虫的侵害、气候突变、饲养管理不当可促进本病的发生。

【临床症状】　急性病例无明显的临床症状，突然死亡。亚急性和慢性病例常出现精神沉郁，食欲不振，羽毛松乱，行走无力，喜卧，眼睛流泪，呼吸困难，腹泻，极端瘦弱，麻痹而死。

【病理变化】　急性死亡病例剖检可见肝、脾肿大及肠炎。亚急性和慢性死亡病例剖检可见肝、脾肿胀，肝、脾、肺、肾及肠系膜上有大量黄白色坏死结节，剖开结节可见黄白色干酪样物；气囊增厚，有的有大小不等的黄白色坏死灶；肠道发炎、充血或出血，有黄白色坏死灶。

【诊　断】　根据流行病学、临床症状及剖检病变，可做出初步诊断，确诊需做病原分离鉴定。

【防治措施】　加强饲养管理，做好消毒工作。

对病鸭进行隔离治疗，药物治疗可用磺胺 –5– 甲氧嘧啶拌料，注意搅拌均匀，浓度为 0.05%，连用 3 ～ 5 天。用庆大霉素注射液肌内注射，5 000 国际单位 / 千克体重，连用 5 天。

十一、鸭嗜水气单胞菌病

鸭嗜水气单胞菌病是由嗜水气单胞菌所引起的鸭的一种急性细菌性传染病。

【病　原】　嗜水气单胞菌为革兰氏阴性杆菌，两端钝圆，多数单个散在，不产生芽孢，无荚膜，极端单鞭毛，能运动。

嗜水气单胞菌广泛存在于自然界的水域、土壤中，鱼、虾、水禽、猪、牛很多动物都可感染发病。传统畜禽混养、鸭鱼立体养殖习惯任意排放畜禽粪便，对土壤、水源的污染日益严重。病鸭是重要的传染源，其排泄物含有大量病原。各种日龄的鸭匀可感染本病，但以 3 周内的幼鸭最为敏感，发病急，病程短，死亡率高，发病率为 50% ～ 80%，死亡率为 30% ～ 50%。

【临床症状】　病鸭精神沉郁，食欲减退或废绝，排灰白色或淡绿色稀便，呼吸困难并伴有喘鸣声，双腿麻痹，角弓反张，倒地死亡，有的在水中扑腾几下死亡。

【病理变化】 气管及支气管黏膜出血，有的呈环状出血。肺脏弥漫性出血，水肿，呈紫黑色或有暗黑色出血斑，切面流出血性泡沫。肝脏肿大，呈土黄色，有出血斑。脾肿大、出血，呈深褐色。肾肿出血，肠道弥漫性出血。有的鸭失明，严重的腹腔内有血样胶性渗出液。

【诊　断】 根据流行病学、临床症状及剖检病变，可做出初步诊断，确诊需做病原分离鉴定。

【防治措施】 鸭鱼混养的鸭场要保证水体的清洁，尤其是炎热的季节；发病后池水要用生石灰和含氯消毒剂泼洒消毒，连用3天。

鸭嗜水气单胞菌耐药性强，且具多重耐药性，当鸭群发病时，要通过药敏试验筛选敏感药物治疗，才能收到好的治疗效果。目前，本病临床上较有效的治疗药物有头孢拉啶、庆大霉素、阿米卡星、氟苯尼考、左旋氧氟沙星等。

本病在发病日龄、临床症状、剖检病变等方面与鸭病毒性肝炎相似，极易误诊，当发现肺脏出血严重呈紫黑色，按嗜水气单胞菌病治疗。

十二、鸭传染性窦炎

鸭传染性窦炎又称鸭支原体病、鸭慢性呼吸道病，是由鸭支原体引起的雏鸭慢性呼吸道传染病，临床上以眶下窦炎和眶下窦肿胀为特征。本病病程长，易复发，且极易并发或继发其他疾病。

【病　原】 支原体是最小的最简单的原核生物，无细胞壁，不能维持固定的形态而呈现多形性，多为球形，也可呈球杆状或丝状。革兰氏染色不易着色，用姬姆萨染色呈淡紫色。

支原体对热抵抗力差，通常55℃经15分钟处理可使之灭活。石炭酸、来苏儿易将其杀死。红霉素、四环素、卡那霉素、链霉

素等作用于核蛋白体的抗生素，可抑制或影响支原体的蛋白质合成，有杀伤支原体作用，

【流行病学】　各种日龄的鸭均有发生，但多见于 1～3 周龄雏鸭。本病可经呼吸道感染，可经种蛋发生垂直传播。1～3 周龄雏鸭呈较高的发病率，而且持续不断，单纯支原体感染时，死亡率很低，而并发其他细菌和病毒感染时死亡率较高。一年四季均可发生，但尤以气候多变或寒冷春季和冬季多发。

【临床症状】　病雏鸭畏寒扎堆。感染初期，病鸭流鼻液、咳嗽、打喷嚏，呼吸有啰音，甩头或用爪抓挠鼻额部，之后，一侧或两侧眶下窦积液、鼓胀凸起，鼻孔流出浆液性分泌物，使鼻孔周围有污染物附着，有的结痂，有的鼻孔被堵塞。眼睛有浆液性分泌物，周围羽毛被粘连。随着病情的发展，病鸭食欲不振，生长发育迟缓，逐渐消瘦。成年病鸭群产蛋率及受精率也同时下降，当鸭群继发或并发其他细菌、病毒或中毒性疾病时，则死亡率增多，产蛋率及受精率下降。

【病理变化】　病鸭的鼻腔、眶下窦积有大量浆液性渗出液或脓性干酪性渗出物。喉头、气管黏膜充血水肿，剖开支气管，尤其是肺内小支气管时，可发现管腔内充满干酪状渗出物，有的呈条索状，有的呈蛋花状。

【诊　断】　根据流行病学、临床症状、剖检病变，可做出初步诊断，确诊需做病原分离鉴定。

【防治措施】　加强饲养管理，合理控制的饲养密度，鸭舍保持干燥通风，冬季注意加强保温，保证饲料的多种维生素的含量。用具、棚舍、环境的清洁卫生及定期消毒工作。

一旦鸭群发生该病时，首先要淘汰重病鸭，然后选用安全有效的药物。对于发病鸭可用泰乐菌素、替米考星、链霉素、红霉素及喹诺酮类药进行治疗。对于发生过本病的鸭舍应进行彻底的消毒和空舍一定时间后再进雏饲养。

第四章
其他鸭传染病

一、鸭衣原体病

鸭衣原体病又称鸟疫或鹦鹉热，是由鹦鹉衣原体引起的一种传染病。鹦鹉衣原体可感染 17 种哺乳动物和 140 多种禽类，在国内雏鸭、肉鸽中都有发病报道，也可感染人，应引起重视。

【病　原】　鹦鹉热衣原体属衣原体科、衣原体属。衣原体是一种原核微生物，既不同于细菌也不同于病毒的一种微生物。鹦鹉衣原体属于专性寄生性的微生物，姬姆萨染色，1 000 倍油镜镜检，包浆内有球形和椭圆形蓝色或暗紫色的包涵体。

衣原体耐冷不耐热，56～60℃仅存活 5～10 分钟，在 −70℃可保存数年。0.1% 甲醛、0.5% 石炭酸 30 分钟可将其杀死，75% 酒精 0.5 分钟可将其杀死。但其在干燥的粪便中可保持数月的感染力。对四环素、红霉素、螺旋霉素、强力霉素及利副平均很敏感。

【流行病学】　在自然条件下，野鸟特别是鹦鹉对本病最为敏感，可引起鹦鹉病，鸽、鸭、鸡、火鸡以及其他非鹦鹉类禽鸟受感染可引起鸟疫。鸽是衣原体最经常的宿主。各种日龄的鸭均可感染，幼鸭最易感。本病原主要通过病禽及受污染饲料、饮水等，经消化道、呼吸道传播。本病一年四季均可发生。通风不良，气候突变，或继发于其他疾病如大肠杆菌病、沙门氏菌病、鸭疫里默氏杆菌病等，易造成本病的流行。

【临床症状】 病初病鸭眼结膜潮红、流泪，眼周围羽毛潮湿，随着病程的发展，眼睑肿胀，眼睛流出黏稠状或脓性分泌物，甚至将眼睛粘连，呈结痂状，严重者眼睛失明。有的病鸭鼻孔有脓性分泌物。病鸭减食或废绝，步态不稳、震颤，严重腹泻，排绿色水样稀粪，气味恶臭，消瘦，肌肉萎缩，呼吸困难，最后惊厥死亡。

【病理变化】 病死鸭胸肌萎缩，十分消瘦。结膜炎、眶下窦炎、鼻炎，有的眼球萎缩。气囊增厚、浑浊，有干酪样分泌物。全身性多发性浆膜炎。心包腔、胸腔、腹腔有浆液性或纤维素性渗出物。肝、脾肿大，表面有灰色或黄色坏死灶。肺淤血。十二指肠黏膜出血。

【诊　　断】 根据流行病学、临床症状及剖检病变，可做出初步诊断，确诊需做病原分离鉴定。

【防治措施】

1. 治　疗

（1）隔离与消毒 一旦发现可疑病例，要及时隔离治疗，必要时扑杀销毁。粪便及各种污染物要进行焚烧和彻底消毒，工作人员要做好安全保护。鸭群可用合适的消毒药物带鸭消毒。

（2）药物治疗 土霉素按 0.2% 拌料，连用 5～7 天。氟苯尼考粉按 0.005% 拌料，连用 3～5 天。也可用恩诺沙星、罗红霉素饮水治疗。

2. 预防 采取综合防治措施。野鸟、鹦鹉、鸽常为鹦鹉衣原体携带者，所以鸭场内不仅不能养鸟，而且要防鸟、赶鸟，严禁家禽与野鸟接触。搞好环境卫生和各项消毒工作。

二、鸭曲霉菌病

鸭曲霉菌病又称鸭霉菌性肺炎，是由曲霉菌引起的一种鸭的急性或慢性传染性真菌病。主要侵害鸭的呼吸器官，引发气囊、肺发生炎症并形成肉芽肿结节。

【病　　原】　主要病原体是烟曲霉，其致病力最强，黄曲霉、黑曲霉、青曲霉也有致病性。

压片镜检，可见树枝状的曲霉菌丝体。

【流行病学】　曲霉菌广泛存在于自然界，常污染垫草和饲料，其孢子可随空气传播。致病性曲霉菌能产生蛋白溶解酶具有溶血特性的内毒素，从而引起鸭发病。鸭舍通风不良、舍内温度较高而垫料潮湿、饲料发霉、饲养密度高是本病暴发的主要诱因。曲霉菌可穿透蛋壳感染鸭胚，雏鸭出雏1日龄即患病，出现呼吸道症状。健康鸭由于吸入含有霉菌孢子的空气或采食发霉的饲料而经呼吸道或消化道感染。饲料发霉引发的曲霉菌病最常见，雏鸭常呈急性群发，发病率和死亡率都很高；成年鸭多呈散发，正值产蛋高峰期的鸭群发生本病，可使产蛋率下降。

【临床症状】　急性型主要发生于3周龄以内的雏鸭。病鸭体温升高，精神委顿，食欲减退，饮水量增加，排淡绿色或乳白色稀便。呼吸困难，喘气，张口呼吸，颈部气囊明显胀大，咳嗽，有时有"沙哑"或"呼哧"的喘鸣音。鼻腔常流出浆液性分泌物，常迅速消瘦而死亡。曲霉菌毒素能破坏动物神经系统，导致少数病鸭有神经症状，不能采食，衰竭死亡；有的病鸭死前抽搐，呈角弓反张姿势。

【病理变化】　气囊壁增厚，浑浊，有干酪样物，有的有绿豆大小的黄色霉菌性结节，肺脏充血、出血、水肿与坏死，有大小不等的灰白色或黄白色霉菌性结节，切开可见黄白色干酪样渗出物。有的肝脏肿大，呈黄色脂肪变性，有白色坏死灶。慢性型的呈心包积液，腹水，肝硬化。

【诊　　断】　根据发病情况、临床症状、剖检病变，可做出初步诊断，确诊需做病原分离。

【防治措施】

1. 治疗　对于发病的鸭群用制霉菌素拌料，制霉菌素100万单位/千克饲料，同时饲料中添加多种维生素，连用7天。1∶3000硫酸铜溶液饮水，连用3～5天。之后再在饮水中加入碘化钾8克/升连用3天，注意现配现用。

2. 预防　饲料的保存要注意防潮防霉，不喂饲发霉或被霉菌污染的饲料，不使用发霉的垫料是防控本病的关键所在。由于本易诱发其他病毒与细菌病的混合感染，本病的预防显得尤其重要。搞好环境卫生，温暖潮湿季节，注意通风换气保持舍内干燥，防止垫草发霉。

当发现鸭群发生曲霉菌病时，要马上停喂发霉饲料，奂上优质全价料，并在料中或饮水中添加多维。同时对鸭舍、饲漕、饮水器等器具要全面彻底消毒。

三、鸭念珠菌病

鸭念珠菌病俗称鹅口疮，主要是由白色念珠菌所引起的一种真菌性传染病。主要临诊特征是上消化道黏膜上发生白色的假膜和溃疡，呼吸困难。

【病　原】　白色念珠菌革兰氏染色可见蓝紫色不甚均匀的绦状物，呈酵母状菌体和菌丝。

本菌对热的抵抗力不强，加热至60℃1小时后即可死亡，但对干燥、日光、紫外线及消毒药等抵抗力较强。

【流行病学】　本菌广泛存在于自然界，在健康鸭的口腔、上呼吸道和肠道等处寄居。本病多见于雏鸭，雏鸭的对本病易感性较成年鸭高，成年鸭发生本病，主要是长期使用抗菌药，引起消化道正常菌群的紊乱，从而诱发本病。本病主要通过消化道感染，也可通过蛋壳感染。不良的卫生条件、长期使用抗菌药物以及维生素缺乏都是诱发本病的重要因素。一年四季均可发生，但以潮湿阴冷的春季多发。

【临床症状】 病鸭精神委顿，缩头垂翅，羽毛松乱，减食或废食，怕冷扎堆，不愿走动，饮水增多，嗉囊积液，倒提病鸭，有酸臭液体口中流出。病鸭气喘，采食时吞咽困难，频频伸颈张口，叫声嘶哑，时而发出咕噜声。腹泻，排绿白混杂的稀粪。病鸭逐渐消瘦，产蛋率逐渐下降。

【病理变化】 病鸭机体消瘦，气囊浑浊，鼻腔有分泌物，口腔、咽部、食道黏膜及嗉囊壁均有灰白色，白色或黄色的假膜，假膜与黏膜粘连紧密，剥离后留下红色的溃疡面。成年鸭可见口腔外部嘴角周围形成黄白色假膜，呈典型的"鹅口疮"。肌胃角质膜易剥落，肌胃角质膜剥离后可见出血斑。心肌肥大。肝紫褐色且肿胀，有出血斑。肺部见坏死灶及干酪样物，肾脏肿大、充血，有白色尿酸盐沉积。

【诊断要点】 根据发病情况、临床症状、剖检病变，可做出初步诊断，确诊需做病原分离鉴定。

【防治措施】

1. 治疗 对发病鸭群可用 1∶3 000 的硫酸铜溶液饮水，每天 2 次，连用 5 天。用制霉菌素拌料，80 毫克/千克饲料，喂 3 天，停 2 天，连用 3 个疗程，同时饲料中加入鱼肝油粉。

对于发病种鸭，可先将咽喉部假膜剥离，再用碘甘油涂抹伤口，喂服制霉菌素及复合维生素。

2. 预防 加强饲养管理，搞好环境卫生，做好消毒工作。加强通风，保持垫料干燥，防止饲料霉变。

第五章

鸭寄生虫病

一、鸭球虫病

鸭球虫病主要是由艾美耳属、泰泽属、温扬属的球虫引起，主要侵害鸭的肠道，以出血性肠炎为特征。本病常危害雏鸭，引发极高的发病率和死亡率，耐过鸭生长发育受阻，给养鸭业造成巨大的经济损失。

【病　原】　鸭球虫病的病原体主要有毁灭泰泽球虫、菲莱氏温扬球虫、丹氏艾美耳球虫，其中以毁灭泰泽球虫的致病力最强，菲莱氏温扬球虫致病性不强。

毁灭泰泽球虫呈短椭圆形，浅绿色。卵囊小，卵囊壁外层薄而透明，内层厚。卵囊经19小时完成孢子发育，没有孢子囊，8个子孢子游离在卵囊内。子孢子呈香蕉形，大小约为7.28微米×2.73微米，寄生于小肠黏膜上皮细胞内。

菲莱氏温扬球虫呈短卵圆形，浅蓝绿色。卵囊大，卵囊壁外层薄而透明，中层黄褐色，内层呈浅蓝色。孢子囊呈瓜子形，大小约为7.2微米×4.78微米，每个孢子囊内有4个子孢子，寄生于小肠黏膜上皮细胞内。

【流行病学】　鸭球虫对各种日龄的鸭均可感染，但以2～6周龄的鸭易感，且发病率和死亡率极高。传染源是不断向外排出鸭球虫卵囊的病鸭，经污染的垫料、饲料、饮水、用具、禽舍等传播。本病的传播主要是健康鸭通过采食足够量的鸭球虫卵囊，鸭球虫卵囊在鸭体内生殖发长，引发鸭球虫病。本病常发生于气温高、湿度大的春夏季。

【临床症状】 病鸭精神委顿，羽毛蓬乱，闭眼呆立，减食或废绝，挤在一起，喜饮水，腹泻，排咖啡色、暗红色或鲜红色血便，泄殖腔周围的羽毛常被血便污染。本病的潜伏期为4～5天，常于发病后3天内发生急性死亡，耐过的病鸭逐渐恢复食欲，但增重缓慢，营养不良。

【病理变化】 剖检可见鸭体消瘦，小肠中段、十二指肠黏膜有密布针尖大小出血点，肠壁肿胀，剪开外翻，内容物呈淡红色或深红色胶冻状出血性黏液。盲肠出血、肿胀明显，剖开可见暗红色的内容物，肠上皮增厚、糜烂。心肌色淡，肝、肾淤血。

【诊　断】 根据临床症状和病变特征可做出初步诊断，再经实验室检查可确诊。

1. 直接涂片检查法查虫卵 刮取病死鸭少量盲肠黏膜涂于载玻片上，再加入1～2滴50%甘油水溶液，混合均匀，盖上盖玻片，置显微镜下观察，发现大量球形的裂殖体、香蕉形或月牙形的裂殖子、大小配子体、大小配子和卵囊，可确诊。

2. 漂浮检查法查虫卵 取2～3克充分混合的病鸭粪便，加10～20倍量64.4%硫酸镁漂浮液，充分搅匀后移入小试管中，使粪液面凸出试管口但不溢出，静置20～60分钟，将盖玻片轻轻覆在液面上后，随即迅速取走盖玻片，然后将盖玻片置于载玻片上镜检，用高倍镜观察，发现大量球形的裂殖体、香蕉形或月牙形的裂殖子和卵囊，可确诊。

【防治措施】

1. 治　疗

可选用下列药物防治球虫病，青霉素、磺胺二甲基嘧啶＋甲氧苄啶、磺胺 -6- 甲氧嘧啶＋甲氧苄啶、地克珠丽等。患病鸭常食欲减退而饮水增多，所以用饮水给药疗效更有保证。

2. 预　防

（1）**加强饲养管理**　在春夏季节及温度较高的育雏期，应保持鸭舍及垫料的清洁干燥，定期清除粪便及更换垫料，防止饲料和饮水被鸭粪污染。采用高床网架育雏，有利于球虫病的预防。

（2）**药物预防**　在球虫的流行季节或 2 周龄时在饲料或饮水中添加抗球虫药。由于球虫对药物极易产生耐药性，所以应采用轮换用药、穿梭用药或联合用药方法，一般先使用作用于第一代裂殖体的药物，再换用作用于第二代裂殖体的药物，这样不仅可减少或避免耐药性的产生，而且可提高药物防治的效果。合理的联合用药既可防止耐药虫株的产生，又可增强药效和减少药物用量。

二、鸭隐孢子虫病

鸭隐孢子虫病是由隐孢子虫属的贝氏隐孢子虫寄生于鸭的呼吸道、法氏囊、泄殖腔内所引起的一种的原虫病。虽然关于该病的报道较少，但由于其是全球性的人兽共患病，所以应引起足够的重视。

【病　原】　隐孢子虫寄生的宿主种类广泛，哺乳类、鸟类、爬行类及鱼类等 240 多种动物都是隐孢子虫寄生的宿主。目前隐孢子虫有效种已有 16 个，其中禽类有效种有 3 个，分别为贝氏隐孢子虫、鸡隐孢子虫、火鸡隐孢子虫，引起鸭隐孢子虫病的主要是贝氏隐孢子虫。

贝氏隐孢子虫属球虫目、艾美球虫亚目、隐孢子虫科、隐孢子虫属。虫体大小为 6.3 毫米 × 5.1 毫米，主要寄生于鸭的腔上囊、泄殖腔和呼吸道。卵囊呈圆形或椭圆形，卵囊壁光滑，有裂缝，无微孔、极粒和孢子囊。每个卵囊含有 4 个或 8 个香蕉形的子孢子和 1 个残体。发育分为脱囊、裂殖生殖、配子生殖和孢子生殖 4 个阶段。

【流行病学】 本病主要危害雏鸭，日龄越小感染率越高，感染主要集中在 10～50 日龄，随着日龄的增长，感染率逐渐降低。成鸭常表现为带虫而不显症状。本病主要通过消化道及呼吸道传播，无明显的季节性，卫生条件差的地方易引发流行。

【临床症状】 病鸭精神沉郁，食欲减少，伸颈，张口呼吸，咳嗽，叫声嘶哑，一侧或两侧眶下窦肿胀，鼻孔有淡黄色黏液渗出，部分鸭排白色水样稀便。

【病理变化】 剖开鸭肿大的眶下窦，内有大量淡黄色黏液，镜检可见大量隐孢子虫卵。喉头有少量黏液，气管黏膜充血，气管、支气管内有大量黏性分泌物。气囊浑浊，有少量黄色干酪样物，感染严重的病例，气囊浑浊、增厚，有黄色干酪样物，法氏囊严重萎缩。

【诊　断】 一般根据临床症状和病变特征可做出初步诊断，再经以下的实验室检查可确诊。

1. 粪便检查 隐孢子虫的诊断主要根据粪便涂片检出囊合子。粪便经抗酸染色，囊合子呈桃红色，圆形或略带卵圆形，发育成熟的可见其中有 4 个香蕉状的子孢子。

2. 其他方法 包括酶联免疫吸附试验法（ELISA）、聚合酶链反应（PCR）技术检测法。

【防治措施】 本病目前仍无有效的治疗药物。主要是加强饲养管理，搞好环境卫生，幼鸭与成鸭不要混养，粪便等污物定期清除，并进行堆积发酵杀灭虫卵。

三、鸭住白细胞虫病

鸭住白细胞虫病是由西氏白细胞原虫寄生于鸭的血液和内脏器官组织内而引起一种原虫病。

【病　原】 西氏白细胞原虫属原虫科、白细胞原虫属。其配子体呈长椭圆形，大小为 14～15 微米 × 5～6 微米，多寄生在淋巴细胞和大单核细胞内，被寄生的宿主细胞两端变尖而呈纺锤形，宿主细胞核被虫体挤在一边呈狭长扁平状。雌配子体的胞质呈深蓝色，核呈红色。雄配子体的胞质呈淡蓝色，核呈淡红色。成熟的圆形配子体只存在红细胞内，在病鸭的血液抹片中可发现。

【流行病学】　本病传染媒介是蚋和库蠓等吸血昆虫。鸭是西氏白细胞虫的终末宿主。每年的5～9月份炎热季节多发。雏鸭对本病敏感，常呈急性发作，急性死亡。成年鸭多呈慢性经过，症状较轻，死亡率较低。

【临床症状】　病鸭精神委顿，体温升高，减食或废食，饮欲增加，排淡黄色稀粪。流鼻液，流眼泪，眼睑粘连，呼吸困难，常伸颈张口。病鸭体重下降，贫血，走路不稳，全身衰弱，常伏卧地上。

【病理变化】　剖检可见病死鸭消瘦，肌肉苍白，心包积液，心肌松弛苍白，全身皮下、肌肉有大小不等出血点，并有灰白色的针尖至粟粒大小结节。肝、脾肿大，呈淡黄色。消化道黏膜充血，腺胃、肌胃、肺、肾等黏膜有出血点。

【诊　断】　在血液涂片中发现西氏白细胞原虫，结合流行病学、临床及剖检的特征性病症，可确诊。

【防治措施】　每年春季开始，要搞好鸭舍周围的环境卫生，去除杂草、清理沟渠，用有机磷杀虫剂喷洒，杀灭蚋和库蠓等吸血昆虫。

当发现鸭群发生本病时，要马上投药治疗，可用磺胺二甲氧嘧啶、球痢灵、复方新诺明等药物。

四、鸭组织滴虫病

鸭组织滴虫病又叫盲肠肝炎或黑头病，是由组织滴虫属的火鸡组织滴虫引起的一种鸭急性寄生虫病。本病主要特征是盲肠发炎、溃疡和肝表面具有特征性的坏死病灶。

【病　原】　火鸡组织滴虫虫体近似圆形，直径 3～16 微米，有一根粗壮的鞭毛，长 6～11 微米，鞭毛的摆动使虫体呈钟摆运动。

【流行病学】　火鸡组织滴虫对外界环境的抵抗力不强，不能长期存活，但当患有本病的病鸭同时有异刺线虫寄生时，火鸡组织滴虫可侵入异刺线虫体内，并转入其卵内被排到外界环境，由于得到虫卵的保护，生存较长时间。此外，当蚯蚓吞食含有火鸡组织滴虫的异刺线虫卵时，火鸡组织滴虫可随虫卵生存在蚯蚓体内，当鸭吞食了这种蚯蚓后便被感染。本病通过消化道传播。受污染的饲料、饮水、用具及土壤可传播病原。30 日龄左右的番鸭易感，常呈急性发作，发病率、死亡率很高。

【临床症状】　潜伏期 7～15 天病鸭精神沉郁，减食或废绝，羽毛粗乱无光泽，怕冷嗜睡，排黄白或黄绿色稀粪，有的粪便带血。

【病理变化】　主要病变在肠和肝脏。盲肠肿大几倍，肥厚坚实，如腊肠状，肠壁上有大量圆形溃疡灶。剖开盲肠可见内容物干燥坚实，为干酪样的凝固栓子，塞满肠腔。栓子的表面呈白色或淡黄色，横切面呈同心圆状，其中心是黑红色或暗褐色的凝固血块。肝脏肿大、质脆，表面有圆形或不规则形的溃疡灶，溃疡灶为淡黄色或淡绿色，中央下陷边缘微隆起。肝脏表面还可见大小不一的出血点。

【诊　断】　根据临床症状、病理变化、实验室镜检发现虫体，可确诊。

【防治措施】　加强饲养管理，幼鸭与成年鸭分开饲养。加强消毒，搞好环境卫生，粪便定期清理并堆积发酵，防止病原污染场地、饲料和饮水。定期驱虫，按每千克体重用驱虫净 40～50 毫克，效果良好。

若鸭群中发生本病，应立即将病鸭隔离治疗。可用青霉素，肌内注射，5 万单位 / 只，每日 2 次，连用 3 天。二甲硝咪唑，拌料喂服，500毫克/千克，连用3～5天；或混饮，300毫克/升水，连用5～8天。治疗同时，鸭舍地面用3%氢氧化钠溶液消毒。栏舍、用具、料槽进行消毒。

五、鸭毛滴虫病

鸭毛滴虫病是由毛滴虫引起的一种原虫病。毛滴虫主要寄生于鸭的消化道及内脏，引起消化道溃疡和肝脏肿胀。

【病　原】　毛滴虫虫体呈梨形或椭圆形，大小为13～27微米×8～18微米，有4根与体长相近游离的前鞭毛。毛滴虫以纵二分裂方式繁殖，无孢囊体。

【流行病学】　本病的传染源主要为患病鸭或带病鸭，常通过污染的饲料或饮水传播。雏鸭和消化道黏膜已损伤的鸭易感染本病，且更易造成大批死亡。本病常发季节为春季、秋季。

【临床症状】　病鸭精神委顿，食欲废绝，羽毛松乱，步态不稳，呆立喜卧，排黄色稀粪。有的病鸭流泪、有眼结膜炎，口腔及喉头黏膜充血，有淡黄色小结节，病情严重的病鸭口腔、食道可见黄色成片的假膜。有的病鸭可见坏死性肠炎，肝脏肿胀、坏死、破裂，病鸭常因败血症、毒血症而死亡。慢性病例的口腔黏膜有干酪样物积聚，导致病鸭难以采食而消瘦，生长受阻，甚至饿死。

【病理变化】　口腔、食道有白色小结节或有干酪样分泌物，坏死性溃疡。肝脏肿大，呈褐色或黄色，表面有白色小病灶。有的病鸭有胸膜炎、心包炎、腹膜炎。有的产蛋鸭卵泡变性、输卵管黏膜充血、出血，积液坏死，呈粥样。滞留蛋的蛋壳表面呈黑色。

【诊　断】　从口腔或食道有病变处取病料，滴加生理盐水做成压滴标本，经镜检见到毛滴虫活体，结合临床及剖检病变，可确诊。

【防治措施】 加强饲养管理，注意饮水及饲料卫生。雏鸭与成鸭分开饲养。

患病鸭要挑出，隔离治疗，可选用二甲硝咪唑、阿的平等药物。

六、鸭绦虫病

鸭绦虫病是由某些绦虫寄生于鸭的小肠内引起的一种寄生虫病，其中以矛形剑带绦虫危害最严重。

【病　原】 主要是剑带绦虫和膜壳绦虫，属于扁形动物门、绦虫纲，是雌雄同体的两性生物。虫体呈扁平带状，由头节、颈节和体节三部分组成，一般长 10～30 厘米，剑带绦虫最宽达 12 毫米，膜壳绦虫宽 25 毫米。虫体乳白色，有 1 个头节，上有 4 个吸盘，顶突有 8 个小钩，能牢牢吸附于肠壁。

【流行病学】 各种日龄的鸭均可感染本病，但幼年鸭更易感，常于感染本病后 15～20 天大批发病，发病率和死亡率高，成年禽多为带虫者。带虫的成鸭是主要传染源，常向外大量排出虫卵。野生水禽是本病的自然疫源。剑水蚤是矛形剑带绦虫的中间宿主，孕卵节片或虫卵在剑水蚤体内发育为成熟的似囊尾蚴，鸭吞食了含成熟似囊尾蚴的剑水蚤而感染。本病多发于春末和夏季。

【临床症状】 病鸭精神沉郁，羽毛松乱，无光泽，腹泻，稀粪中常混有绦虫节片。病鸭食欲渐减，最后废食，贫血消瘦，当大量虫体聚集在肠内时，可造成肠炎、消化紊乱，引起肠管阻塞，甚至肠破裂。虫体代谢产物可引起鸭中毒，导致痉挛，常在发病后 1～5 天渐进性麻痹死亡。产蛋鸭产蛋减少甚至停产。

【病理变化】 病鸭消瘦，病程较长的胸骨如刀。血液稀薄如水样。心冠脂肪有出血点。肝脏略肿。胆囊充盈，胆汁稀呈淡绿色。小肠黏膜增厚，充血，有出血性卡他性炎症，肠腔内有多条扁平带状或面条状分节虫体，严重的可见肠内大量虫体聚集，阻塞肠管。

【诊　断】 根据流行病学、临床症状、剖检病变及实验室检验，可确诊。

【防治措施】

1. 加强饲养管理 不同日龄鸭应分开饲养，尤其是幼鸭与成鸭。加强鸭场清扫消毒，粪便堆积发酵或沼气发酵，以杀灭随粪排出的虫卵、幼虫、节片等。放牧场所尽量避开有剑水虱的水域。

2. 成鸭定期驱虫 一般一年驱虫两次，春、秋季各1次。可用以下药物驱虫，阿苯达唑，一次口服，20～30毫克/千克体重。吡喹酮，一次口服，10～15毫克/千克体重。硫双二氯酚，一次口服，100～150毫克/千克体重。氯硝柳胺（灭绦灵），一次口服，100～150毫克/千克体重。用氢溴酸槟榔碱，1～2毫克/千克体重，配成0.1%的氢溴酸槟榔碱水溶液，一次灌服。平时发现虫体，应及时驱虫。

3. 发病鸭群药物治疗 硫双二氯酚，混饲，300毫克/千克，连用4天。也可用阿苯达唑混饲。

七、鸭前殖吸虫病

鸭前殖吸虫病是由前殖科、前殖属的吸虫寄生于鸭的输卵管、法氏囊、直肠和泄殖腔的一种寄生虫病。

【病　原】 鸭前殖吸虫虫体呈棕红色，扁平梨形或卵圆形，体长3～6毫米，宽1～2毫米。虫卵呈棕褐色，椭圆形，一端有卵盖，另一端有一小突起。

【流行病学】 成虫在寄生部位产卵，卵随粪便排到体外，落入水中，被第一中间宿主淡水螺类吞食，在其肠内孵出毛蚴，钻入螺肝发育为胞蚴，再由胞蚴发育为尾蚴。尾蚴离开螺体，进入水中，钻入第二中间宿主蜻蜓的幼虫和稚虫体内发育为囊蚴。鸭采食带有囊蚴的蜻蜓幼虫或成虫即被感染，囊蚴在鸭消化道内移行至输卵管或法氏囊内，经 1～2 周发育为成虫。虫体入侵输卵管后，附着在输卵管黏膜上，破坏壳腺、蛋白腺功能，引起形成蛋壳的机能改变，蛋白分泌过多，从而产生各种畸形蛋或排出石灰质、蛋白质等半液状物质，导致输卵管炎、卵黄性腹膜炎。本病多见于春夏两季，常呈地方性流行。

【临床症状】 病鸭食欲减退，精神不振，羽毛松乱，排白色水样稀粪，消瘦，常产畸形蛋，有的停产，排出石灰质、蛋白样液体，腹部膨大，泄殖腔突出，肛门边缘潮红，步态不稳，两腿叉开，呈企鹅状，严重的病鸭 1～2 周死亡。

【病理变化】 剖检可见输卵管肿胀、黏膜增厚、充血，泄殖腔外突、充血，有黄色的渗出物，腹腔内有黄色呈絮状渗出物，并有粘连，在输卵管和法氏囊可看到密密麻麻排列着或呈堆状的小虫体，虫体呈梨形或卵圆形。

【诊　断】 根据流行病学、临床症状、剖检病变和虫卵检查，可确诊。

【防治措施】 在春夏两季对鸭群进行预防性驱虫。定期灭螺，对于另一中间宿主蜻蜓及其幼虫，防止鸭啄食。

对于病鸭可用下列药物治疗：阿苯达唑，一次口服，100 毫克／千克体重。吡喹酮，一次口服量为 60 毫克／千克体重，连用 2 天。同时用电解质多维饮水。

八、鸭背孔吸虫病

鸭背孔吸虫病是由纤细背孔吸虫寄生于鸭的盲肠、直肠内所引起的寄生虫病。纤细背孔吸虫对鸭尤其是雏鸭危害性大，大量感染时甚至可引起死亡。

【病　原】 纤细背孔吸虫属吸虫纲、背孔科。虫体呈长椭圆形，前端稍尖，后端钝圆，大小为 2.2～5.7 毫米×0.82～1.85毫米。虫卵小，呈长椭圆形，淡黄到深褐色，大小为 18～21 微米×1.0～1.2 微米。

【流行病学】　虫卵随粪便排出体外，在外界的适宜温度下孵出毛蚴。毛蚴侵入螺蛳体内发育为胞蚴，再成为雷蚴和尾蚴。尾蚴自螺体逸出，附在水草或其他物体上形成囊蚴。鸭吞食含囊蚴的水草或螺蛳而遭受感染，童虫附着在盲肠或直肠壁上，约经 3 周发育为成虫。由于虫体寄生于肠道，引起寄生部位肠黏膜损伤和炎症，虫体分泌的毒素使鸭贫血和生长迟缓。一般以 5～8 月份为感染高峰季节。

【临床症状】　病鸭羽毛松乱无光泽，精神沉郁，离群呆立，闭目嗜睡，饮欲增加，减食甚至废食，脚软，行走摇晃，严重者不能站立。排淡绿色至棕褐色胶样或水样稀粪，有的混有血液。最后贫血、衰竭而死。病程多为 2～6 天。

【病理变化】　剖检可见盲肠和直肠黏膜附有长椭圆形的虫体，肠道黏膜出血，呈卡他性肠炎，严重的肠黏膜糜烂。

【诊　断】　用直接涂片法或饱和盐水漂浮法发现虫卵，结合剖检发现虫体，可确诊。

【防治措施】　该虫一般较难驱除。避免鸭吞食含有囊蚴的水草或淡水螺，是防治本病最有效的途径。

对发病鸭可用下列药物驱虫：阿苯达唑，一次口服，10 毫克/千克体重。槟榔，每千克体重 0.6 克，煎水，于每天傍晚用小皮管投服 1 次，连服 2 天。

九、鸭棘口吸虫病

鸭棘口吸虫病是由棘口属的多种吸虫寄生于鸭的盲肠、小肠、直肠和泄殖腔内所引起的一类寄生虫病。主要病症为消化功能紊乱和出血性肠炎。

【病　原】　鸭棘口吸虫属吸虫纲、复殖目、棘口科、棘口属，虫体呈淡红色，呈长叶状，大小为 10.3～13.3 毫米×1.19～2.09 毫米。

【流行病学】　鸭棘口吸虫虫卵在 30℃ 左右的水中，经 10 天孵出毛蚴。毛蚴侵入第一中间宿主淡水螺类体内，约经 1 个月时间，从胞蚴发育成雷蚴，再发育成尾蚴，尾蚴成熟后离开第一中间宿主，进入水中，侵入第二中间宿主淡水螺类、蛙类及淡水鱼体内，形成囊蚴。有的成熟尾蚴不离开第一中间宿主，直接形成囊蚴。鸭因吞食含有囊蚴的螺蛳或蝌蚪而感染。囊蚴进入消化道后，囊壁被消化，童虫逸出，吸附在肠壁上，经 16～22 天即发育成成虫。

鸭棘口吸虫对雏鸭危害大，对成鸭的危害较轻，每年的 6～8 月是感染高峰季节。

【临床症状】　病鸭减食或废食，排白色稀粪，粪中带血。雏鸭严重感染时，生长停滞、贫血、消瘦，最后因极度衰弱和全身中毒而死亡。成年鸭体重下降。母鸭产蛋减少。

【病理变化】　小肠、盲肠或直肠壁上有淡红色长叶状虫体吸附。吸着部的肠黏膜呈点状或块状出血，虫体寄生的肠段黏膜充血，肠腔内积聚多量红黄色的黏液。

【诊　断】　根据发病情况、临床症状、剖检病变及实验室检查，可确诊。

【防治措施】

1. 加强饲养管理　及时清除鸭舍及运动场的粪便，堆积发酵杀灭虫卵。放养雏鸭的池塘，应先杀灭中间宿主。

2. 定期预防性驱虫　对放牧鸭群，可用阿苯达唑，内服，10 毫克/千克体重，首次为 15 日龄左右，以后每隔 20～25 天进行 1 次预防性驱虫。

3. 发病鸭药物驱虫　阿苯达唑，一次口服，10～25 毫克/千克体重。吡喹酮，一次口服，10 毫克/千克体重。氯硝柳胺，一次口服，100～150毫克／千克体重。

十、鸭后睾吸虫病

鸭后睾吸虫病是由后睾科的后睾属、次睾属、对体属和支囊属等多种吸虫寄生于鸭的肝胆管及胆囊内引起的一种寄生虫病。本病分布广泛，不但对鸭的危害严重，而且对人类健康有影响。

【病　原】　鸭后睾吸虫中危害最大的是东方次睾吸虫，虫体呈叶状，大小为2.4～4.7毫米×0.5～1.2毫米；虫卵浅黄色，椭圆形，有卵盖，内含毛蚴。台湾次睾吸虫，虫体长而细小，大小为2.37～3.04毫米×0.35～0.48毫米；虫卵椭圆形，前端有卵盖，后端有一个不很明显的小突起。鸭对体吸虫，是鸭体内的一种大型吸虫，虫体窄长，长为14～24毫米，宽为0.88～1.12毫米；虫卵呈卵圆形，一端有盖，另一端有较尖的刺突。还有广州后睾吸虫、似后睾吸虫、黄体次睾吸虫等。

【流行病学】　鸭后睾吸虫的第一中间宿主为纹沼螺，第二中间宿主为麦穗鱼及爬虎鱼等，囊蚴主要寄生在鱼的肌肉及皮层内，鸭吞食含囊蚴的鱼类而感染。本病的感染高峰季节为夏季、秋季。

【临床症状】　病鸭精神不振，食欲减退，羽毛松乱，两腿无力，贫血消瘦，排草绿色或灰白色稀粪，腿软喜卧，因虫体寄生堵塞胆管、肝胆管引起胆囊炎、肝脏炎症及坏死。病鸭黄疸、贫血、消瘦而死亡。产蛋母鸭感染后产蛋率下降，严重的停止产蛋，甚至死亡。

【病理变化】　剖检可见肝脏肿大明显，有白色花纹和斑点。病程长的肝硬化，胆管增生变粗，胆囊肿大，囊壁增厚，胆汁变质，胆管、肝胆管、囊腔内有数量不等的虫体。肠道黏膜呈卡他性炎症。

【诊　断】　取病鸭的粪便检查虫卵，从胆管选取虫体镜检，结合发病症状及剖检病变，可确诊。

【防治措施】

1. 搞好环境卫生　鸭舍及运动场的粪便及时清除，堆积发酵进行生物热处理杀灭虫卵，鸭舍清扫消毒。

2. 预防性驱虫　在高发的夏秋季节选用下列药物预防：阿苯达唑，口服，50～100毫克/千克体重。吡喹酮，口服，10～15毫克/千克体重。

3. 发病鸭药物治疗　阿苯达唑，一次口服，100～120毫克/千克体重。吡喹酮，一次口服，10～20毫克/千克体重。氯硝柳胺，一次口服，50～60毫克/千克体重。硫双二氯酚，一次口服，20～30毫克/千克体重。

十一、鸭嗜眼吸虫病

鸭嗜眼吸虫病是由嗜眼科鸭嗜眼吸虫寄生于鸭眼结膜囊及瞬膜下引起的一种寄生虫病。是危害鸭的常见吸虫病。

【病　原】　鸭嗜眼吸虫虫体呈半透明的微黄色，似矛头，虫体大小为3～8.4毫米×0.7～2.1毫米。

【流行病学】　虫卵随眼分泌物排出后遇水立即孵化出毛蚴，毛蚴进入的螺蛳体内，发育成尾蚴，从毛蚴发育为尾蚴约需3个月的时间。尾蚴从螺蛳体内逸出，可在螺蛳外壳的体表或任何一种固体物的表面形成囊蚴。当鸭食用含有囊蚴的螺蛳及附着物后即被感染，囊蚴在口腔和食道内脱囊逸出童虫，在5天内经鼻泪管移行到结膜囊内，约经1个月发育成熟。

【临床症状】　鸭嗜眼吸虫大多寄生于鸭的单侧眼内，双眼患病较少，由于虫体机械性刺激并分泌毒素，导致病鸭食欲减退，怕光流泪，用爪搔眼，眼结膜充血，有出血小点及糜烂，有时流出脓性分泌物。严重的病鸭角膜溃疡、失明，不能觅食，行走无力，逐渐消瘦，瘫痪，衰竭死亡。

【病理变化】 病鸭消瘦，眼结膜出血、水肿，角膜深层有细小点状浑浊，结膜内有脓性分泌物，眼内结膜囊、瞬膜处均有鸭嗜眼吸虫虫体附着。

【诊断要点】 从鸭的眼内找到虫体，镜检为鸭嗜眼吸虫，结合临床及剖检病变，可确诊。

【防治措施】 禁止在本病流行的水域及季节放牧，对于用作鸭饲料的浮萍、河蚬等，应煮熟杀灭其中的囊蚴后再供鸭食用。

对病鸭可用75%酒精滴眼，每只患眼滴4～6滴，每天1次，连用7天，可获得满意疗效。注意酒精滴后不能马上将鸭放入水中，以防止酒精被洗去而影响疗效。

十二、鸭舟形吸虫病

鸭舟形吸虫病是由舟形嗜气管吸虫寄生于鸭的气管和支气管内的一种寄生虫病。其临床特点为咳嗽、气喘和呼吸困难，严重感染者可窒息死亡。世界上很多国家均有发生本病的报道，我国的福建、广东、江苏、安徽等省份亦时有发生。临床上常见于青年和成年麻鸭。

【病　原】 鸭舟形嗜气管吸虫属环肠科、嗜气管属。虫体为暗红色或粉红色，呈椭圆形，大小为6.0～11.5毫米×2.5～4.5毫米。虫卵呈卵圆形，大小为122微米×63微米，内含毛蚴。

【流行病学】 鸭舟形嗜气管吸虫的中间宿主为淡水螺蛳。毛蚴于水中孵出，钻入淡水螺蛳体内发育成尾蚴。尾蚴在螺体内形成囊蚴。鸭采食含囊蚴的螺蛳后感染。童虫经血液循环而入肺，再由肺转入气管，发育为成虫。从感染到发育为成虫过程约2～3个月。

【临床症状】 病鸭精神沉郁，食欲不振，消瘦，羽毛无光泽，不愿走动，病初轻度咳嗽和气喘，以后逐渐加剧，呼吸高度困难,伸颈张口呼吸,鼻腔有较多的黏液流出,最后窒息而死。成年母鸭产蛋率下降。少数病鸭在躯体两侧至颈部皮下发生气肿。

【病理变化】 病死鸭较瘦,鼻腔内有浆液性或黏液性分泌物,气管内可见扁平、棕红色、椭圆形的虫体,虫体附着部分有点状、小片状出血。气管黏膜充血,有炎性渗出。有的病鸭肺充血、出血,气囊轻度浑浊或有少量纤维素渗出。颈部皮下气肿的病死鸭可见气囊及颈部皮下充满气体。

【诊 断】 剖检病死鸭,从气管找到虫体,结合流行病学、临床症状,可确诊。

【防治措施】 禁止到流行地区的水域放牧鸭群。做好鸭群预防性定期驱虫,常用的药物有阿苯达唑、吡喹酮、硫双二氯酚等。

对病鸭可用 0.1% 碘溶液气管注入,幼鸭 0.5~1 毫升 / 只,成鸭 1.5~2 毫升 / 只,间隔 2 天再注 1 次。阿苯达唑,一次拌料喂服,10~25 毫克 / 千克体重。硫双二氯酚,一次拌料喂服,150~200 毫克 / 千克体重。

十三、鸭毛细线虫病

鸭毛细线虫寄生于鸭的嗉囊、食道及肠道所引起的一种寄生虫病。

【病 原】 主要是毛首科纤形属的捻转毛细线虫、毛细属膨尾毛细线虫及子鞘属线虫等。

【流行病学】 鸭毛细线虫从生活史来分有直接发育型和间接发育型 2 种。直接发育型,如捻转毛细线虫,鸭吞食其感染性虫卵后,幼虫钻入鸭的十二指肠黏膜内发育,经 22~26 天发育为成虫,成虫在肠道内的寿命约 9 个月。间接发育型,如膨尾毛细线虫,则需要蚯蚓作为中间宿主,鸭吞食含感染性幼虫的蚯蚓而被感染，幼虫在小肠中钻入黏膜，经 22～24 天发育为成虫，成虫的寿命约为 10 个月。虫卵对外界的抵抗力较强，未发育的虫卵比已发育的虫卵的抵抗力更强，且耐寒，在外界能长期保持活力。

【临床症状】　病鸭精神萎靡，食欲不振或废食，垂翅独处，蜷缩于栖架下或屋角。消瘦、贫血。当虫体寄生积聚于嗉囊，可见嗉囊膨大，压迫迷走神经而引起呼吸困难、运动失调和麻痹，严重的可致死。当虫体寄生于肠道时，病鸭饮水增多，下痢，引发肠炎症状。

【病理变化】　剖检在嗉囊、食道及肠道黏膜中可见细如头发的大量虫体，食道、嗉囊壁、肠道出血，黏膜上覆盖着气味难闻的纤维蛋白性坏死物质。

【诊　断】　从病死鸭的食道和肠道黏膜中发现细如头发的虫体，粪便检查发现两端栓塞物明显的虫卵，结合流行病学、临床症状，可确诊。

【防治措施】　严格做好环境卫生及清洁消毒工作，及时清除鸭舍及运动场的粪便，堆积发酵杀灭虫卵。防止鸭啄食蚯蚓。

对发病鸭可用下列药物治疗：左旋咪唑，一次口服，20～25 毫克 / 千克体重，或用粉剂按 0.05% 混饲。越霉素 A，一次口服，35～40 毫克 / 千克体重，或按 0.05%～0.5% 混饲，连喂 5～7 天。四咪唑，40 毫克 / 千克体重，溶于水中饮服。

十四、鸭鸟蛇线虫病

鸭鸟蛇线虫病又名鸭丝虫病、鸭腮丝虫病、鸭鸟龙线虫病、鸭龙线虫病，是由鸟蛇线虫寄生于鸭的皮下组织所引起的一种寄生虫病。本病主要侵害雏鸭，在流行地区发病率高，严重感染时常造成死亡，对养鸭业危害极大。

【病　原】　主要有台湾鸟蛇线虫和四川鸟蛇线虫 2 种，以台湾鸟蛇线虫较常见。

台湾鸟蛇线虫属胎生型线虫。虫体细长，呈白色，稍透明。雄虫长6毫米，尾部弯向腹面。雌虫长100～240毫米，尾部逐渐变为尖细，并向腹面弯曲，末端有一个小圆锤状突起。幼虫纤细，白色，长0.39～0.42毫米，脱离雌虫身体后，迅速变为被囊幼虫，被囊幼虫长0.51毫米。

【流行病学】 台湾鸟蛇线虫成虫寄生于鸭的皮下结缔组织中，缠绕成团，形成大小如小指头的结节。当虫体穿破患部皮肤，进入水中的幼虫，被中间宿主剑水蚤吞食后，在其体腔内进一步发育成感染性阶段的幼虫。当含有这种幼虫的剑水蚤被鸭吞咽后，幼虫即从蚤体内逸出，进入肠腔。最后经移行而抵达鸭的腮、咽喉部、眼周围和腿部等处的皮下，逐渐发育为成虫。

本病主要侵害了3～8周龄的雏鸭，成年鸭未见发病，不侵害其他家禽。本病有明显的季节性，通常在6～10月份水温高、剑水蚤大量繁殖的季节发病率高。

【临床症状】 在鸭的眼睑、下颌、颊、颈部、腿、胸、腹、泄殖腔等虫体寄生处，可见大小如指头的圆形结节，且结节会逐渐长大，压迫器官，引发呼吸困难，行走障碍，失明，营养不良等病症。病雏鸭多在出现症状后10～20天死亡。

【病理变化】 剖开病变结节，流出有大量幼虫的白色液体，在结节中的结缔组织中可见缠绕成团的虫体。

【诊 断】 从病变结节中取出虫体，结合流行病学、临床症状，可确诊。

【防治措施】

1. 治疗 ①对于台湾鸟蛇线虫病，病鸭可用0.5%高锰酸钾溶液0.5～2毫升注入患处。四川鸟蛇线虫病可用1%四咪唑0.25～0.5毫升，注入患处（腿部患处注入0.1～0.2毫升）。②用缝被子用的大号针在火焰上烧红后，迅速穿入结节中间，停留数秒钟，较大的结节一般需穿刺 3～5 针。③用补鞋用的钩针穿入结节，稍作转动，慢慢地将虫体拉出。对于较大的结节可在不同部位穿钩 2～3 次。

2. 预防 加强管理，鸭舍和活动场所要定期清扫消毒，及时清理鸭粪，堆积发酵。活动水域要定期消毒，可用生石灰杀灭中间宿主剑水蚤。不要到情况不明的稻田和沟渠等处放牧。

十五、鸭 虱 病

鸭虱病是由鸭虱寄生于鸭的羽毛和体表上所引起的一种鸭体外寄生虫病。主要特征为病鸭羽毛脱落，消瘦贫血，产蛋率下降，造成一定的经济损失。

【病　　原】 危害鸭的鸭虱主要是细鸭虱和巨毛虱，虱体扁平，体长 0.5～10 毫米。

【流行病学】 鸭虱是永久性寄生虫，整个生活过程都在鸭体上进行，全程 3～4 周。雌虫将卵产附在鸭的羽毛或绒毛上，经 5～8 天孵化成幼虱，幼虱在 2～3 周内经 3～5 次蜕皮次变为成虱。1 对鸭虱在几个月内可产 10 多万个后代，但其的寿命只有几个月，一旦离开宿主，仅能存活数日。本病以秋冬季节多发。经直接接触传播，鸭舍阴暗潮湿、垫草脏污会促进传播。

【临床症状】 鸭虱嗜食鸭的羽毛和皮肤，或爬行刺激神经末梢，使病鸭皮肤发痒，用喙啄羽毛，或用足抓痒，而引起机械性损伤，继发细菌感染。睡卧不安，羽毛脱落，消瘦，贫血，产蛋率下降，抗病力降低。死鸭用浸了热水的黑布盖在鸭体上，短时间后打开黑布，可见灰白色或灰黑色鸭虱伏在黑布上。

【防治措施】

1. 治　疗

（1）烟草 1 份、水 20 份，共煮 1 小时，冷却后涂洗鸭全身。本方法需在气候温暖的晴天使用。

（2）5%溴氯菊酯，加水稀释1000倍，对鸭体、鸭舍、产蛋窝进行喷雾，剂量为每平方米10～15毫升，10天后再喷1次。

（3）煤油2份、醋1份，混合均匀后涂搽鸭体，每天1～2次，10天后再同法治疗1次。

注意在治疗的同时必须对鸭舍、用具等进行灭虱消毒。

2. 预 防

搞好鸭舍清洁卫生，保证鸭舍干燥通风，防止虱虫滋生。

十六、鸭 螨 病

鸭螨病是由于螨寄生于鸭的羽毛、皮肤上所引起的一种鸭体外寄生虫病。侵害鸭的螨有鸡刺皮螨、突变膝螨、鸡新勋恙螨。

（一）鸡刺皮螨病

鸡刺皮螨夜晚侵袭鸭的皮肤并吸血，导致鸭贫血甚至死亡。

【病原及生活史】 鸡刺皮螨属节肢动物门、蛛形纲、蜱螨目、刺皮螨科，虫体为淡红色或棕灰色，呈长椭圆形，体表布满短绒毛。体长0.6～0.75毫米，吸饱血后体长可达1.5毫米，呈暗红色。刺吸式口器，腹面有4对足。发育期为7天。雌虫吸饱血后到隐蔽处产卵，经过2～3天，孵化出3对足不吸血的幼虫，幼虫经2次蜕变成为成虫。

【临床症状】 鸡刺皮螨白天藏匿在鸭巢内、墙壁缝隙或灰尘等隐蔽处，夜间出动，侵袭鸭体皮肤，吸血。大量寄生时，导致鸭贫血，产蛋量下降；幼鸭可因失血过多，生长受阻，甚至导致死亡。

【诊 断】 在宿主体表或窝巢等处发现小且爬动很快虫体，镜检，即可确诊。

【防治措施】 搞好鸭舍的清洁卫生，定期消毒。杀螨可用

0.2%敌百虫水溶液喷洒墙缝、产蛋窝。

病鸭可用2.5%溴氯菊酯500倍液或20%杀灭菊酯1000倍液喷洒鸭体表，每周1次，连用2次。对鸭舍、栖架、产卵箱可用杀灭菊酯喷洒或涂刷。用药时应注意必须把药液喷洒或涂刷到每一个缝隙中。对铁器还可以用喷灯火焰灭虫，污染的垫草要烧毁。

（二）突变膝螨病

突变膝螨常寄生于鸭脚胫部无毛处的皮肤，引起皮肤发炎肿大，并渗出石灰状样物，俗称"石灰脚"。

【病原及生活史】 突变膝螨为疥螨科、膝螨属。雌虫近圆形，足极短；雄虫卵圆形，足较长。其雄虫长0.19～0.20毫米，宽0.12～0.13毫米；雌虫长0.41～0.44毫米，宽0.33～0.38毫米。突变膝螨的整个生活史都在鸭的皮肤内完成，成虫藏匿在鸭皮肤鳞片下，在皮肤下挖道穿行，在隧道中产卵，孵出幼虫，再蜕化后发育为成虫。

【临床症状】 病鸭脚胫部无毛处皮肤发炎增厚，粗糙，甚至干裂，渗出物干燥后形成灰白色痂皮，常形成"石灰脚"，严重的病鸭行走困难，甚至发生趾骨坏死、变形。病鸭食欲减退，生长缓慢，产蛋减少。

【诊　断】 用小刀蘸油类液体刮取病变部皮肤进行镜检，发现虫体即可确诊。

【防治措施】 发病鸭要隔离治疗或淘汰，场地和禽舍要喷药杀虫。

治疗方法：①将鸭的病腿浸入温肥皂水中使痂皮泡软，除去痂皮，涂上20%硫黄软膏或2%石炭酸软膏。②将病腿浸在机油、柴油或煤油中，间隔数天再用1次。③20%杀灭菊酯乳油1000～2500倍液浸浴患腿或涂搽患部均可，间隔数天再用药1次。

（三）鸡新勋恙螨病

鸡新勋恙螨的幼虫寄生于鸭的皮肤处，形成痘痂病灶。

【病原及生活史】 鸡新勋恙螨又名鸡奇棒恙螨。成虫体长 1 毫米，为乳白色，饱食后呈橘黄色。幼虫小，体长约 0.4 毫米。虫体分头、胸中和腹部三部分，有 3 对足，背板上有 5 根刚毛。成虫不侵害鸭体，只有幼虫侵害鸭群，寄生于鸭的皮肤上。雌虫产卵于泥土上，约经 2 周孵出幼虫，幼虫遇成鸭便爬到腿腹面和股皱襞的内侧，遇幼鸭则寄生于腿腹侧、胸侧、翅内侧、头、颈、背和股皱襞内侧等处，刺吸体液和血液，在鸭身上寄生约 5 周，饱食后落地，发育成成虫。成虫生活在潮湿的杂草丛生处，吸食植物汁液土壤中有机物为生，不侵扰禽体。

【临床症状】 幼虫用口器刺鸭的皮肤，引起损伤，形成脓肿，变成结节状溃疡，形如鸡痘的痘痂病灶，称为"禽螨痘"，溃疡面形成黑色结痂，并脱落。有的痘疹病灶，周围隆起，中央凹陷呈痘脐形，中央可见小红点，即恙虫幼虫，病鸭的腹部和翼下布满痘疹及病灶，由于不断受到刺激，表现奇痒、疼痛、不安、羽毛脱落、贫血、垂头、减食、生长停滞，逐渐消瘦，甚至死亡。

【诊　断】 用小镊子取出病灶中央的小红点，镜检查为鸡奇棒恙螨幼虫即可确诊。

【防治措施】 搞好环境卫生，鸭场周围的环境和禽舍用具要清洗和消毒。污染的垫草可烧毁，用具用沸水烫或阳光下暴晒，以杀灭虫体。

本病时要及时治疗可用 0.005% 溴氰菊酯喷洒禽体或进行沙浴。或用 70% 酒精、2%～5% 碘酊、5% 硫黄软膏涂搽患部，1 周后重复 1 次。也可用伊维菌素皮下注射。

治疗同时要用 0.3% 杀灭菊酯等喷洒或涂刷栖架、墙壁等处。

十七、蝇　害

蝇类是鸭场主要的病媒昆虫，能传播多种疾病。

【生活史】　苍蝇是完全变态的昆虫，生活史可分为卵、幼虫、前蛹、蛹、成虫几个时期。白色虫卵在 24 小时内孵化进入幼虫（蛆），经过 4～6 天幼虫化蛹。化蛹持续时间大约需要 3 天，苍蝇的寿命虽然只有 1 个月左右，但其繁殖能力非常强。据统计，1 对苍蝇的后代共约 1.9 亿只之多。苍蝇的数量在夏末秋初可达高峰，在冬季较少，极少活动。鸭场中的蝇类一般包括家蝇、小家蝇、大家蝇、球形蝇等，家蝇是鸭场内数量最多的。

【危　害】　①苍蝇能够污染蛋壳、饲料及饮水器具，传播 50 种疾病，当一些重要疾病如禽流感、新城疫、禽多杀性巴氏杆菌病、禽大肠杆菌病、球虫病疾病暴发时，苍蝇会加速其传播。②鸭场有大量苍蝇，可导致鸭群精神不安，影响休息和采食，导致生产性能下降。

苍蝇还可以传播多种人类的传染疾病，从而威胁鸭场人员的身体健康。

【防控措施】　畜禽场要及时清理粪便，特别注意死角中的粪便和污水，尽可能保持畜禽粪便干燥。使用杀虫药物是控制苍蝇最有效的方法，不仅可以杀死成蝇，也可以杀死蝇卵和幼虫。具体方法如下：

1. 诱饵诱杀　在苍蝇较多活动的春季至秋季，应该每周使用 2 次干燥诱饵（含有杀虫剂、糖以及其他吸引苍蝇的物质），诱饵应置于苍蝇集中干燥的地方，可诱杀成蝇。

2. 饲喂杀幼虫剂　在饲料生产时，将昆虫生长调节剂添加入饲料中，在家禽采食这种饲料后几天，苍蝇蛹开始变形不能发育好成年苍蝇，10～20 天后苍蝇开始减少，是一种有效的控制苍蝇的方法。

3. 使用杀幼虫剂　在整个苍蝇群体中，80%是处于发育期的幼虫，只有20%是成蝇，因此控制幼虫要比控制成虫容易得多，且效果也会好得多。杀幼虫剂可用在粪便中来杀死苍蝇幼虫，也能够杀死接触粪便的成年家蝇。

4. 药液喷雾　主要在苍蝇休息的地方，如顶棚、草堆、铁笼、电线以及其他苍蝇停留的地方用杀虫液喷雾。

第六章
鸭营养代谢性疾病

一、维生素 A 缺乏症

本病是由于维生素 A 缺乏所引起鸭的一种营养代谢病。特征性病状为鸭生长发育不良、视觉障碍和器官黏膜损害。

维生素 A 又称抗干眼醇，属于脂溶性维生素，是家禽生长发育所必需的营养物质。其具有如下生理功能：维持上皮组织结构的完整性；维持正常的视觉；维持生长发育，提高繁殖力，促进性激素的形成；具有改变细胞膜和免疫细胞溶菌膜的稳定性，增加免疫球蛋白的产生，提高机体免疫能力的功效；维持骨骼的正常生长。

在饲料中缺乏维生素 A 会导致家禽患夜盲症，生长慢，产蛋率下降，受精率下降，孵化率低，抗病力减弱，易发生各种疾病。如果饲料中维生素 A 过多，即超过 10 000 国际单位／千克，会使孵化初期胚胎的死亡率增加。维生素 A 在鱼肝油中含量丰富，胡萝卜、苜蓿干草中含胡萝卜素很多。

【病　因】　饲料中维生素 A 或胡萝卜素含量不足或缺乏是诱发本病根本原因。消化道及肝脏的疾病，也可影响维生素 A 的消化吸收。饲料加工不当，存放时间太长，饲料中维生素 A 遇热氧化分解，可致使饲料中维生素 A 的含量不足。

【流行病学】　不同品种和日龄的鸭均可发生本病，但以 1 周龄左右雏鸭多见，1 周龄以内的雏鸭患本病，常与种鸭缺乏维生素 A 有一定的关系。本病的多发季节为冬季和春季。

【临床症状】 雏鸭发生维生素 A 缺乏时，表现倦怠，消瘦，羽毛蓬乱，鼻孔流出黏稠的鼻液，鼻腔常因干酪样物堵塞而张口呼吸。一侧或两侧眼流泪，眼内和眼睑下方积聚黄白色干酪样物，继而角膜浑浊、软化，导致角膜穿孔和眼前房液外流，最后眼球下陷，失明，直至死亡。由于骨骼发育障碍，病雏鸭行走蹒跚，继而发生轻瘫甚至完全瘫痪。种鸭维生素 A 缺乏时，除出现上述眼睛的变化外，产蛋量显著下降，蛋黄颜色变淡，出雏率下降，死胚率增加，胚胎畸形。种鸭脚蹼、喙部的黄色变淡，甚至完全消失。种公鸭性机能衰退。

【病理变化】 剖检可见眼睑粘连、内有干酪样渗出物。口腔、咽、食管以及嗉囊的黏膜表面有大量的白色小疱状结节，随着病情的发展，病灶增大，并隔合成一层灰黄白色的假膜覆盖在黏膜表面，剥落后不出血。在雏鸭常见假膜呈索状与食道黏膜纵皱褶平行，轻轻刮去假膜，见黏膜变薄、光滑苍白。在食道黏膜小溃疡病灶周围及表面有炎症渗出物。肾肿大，呈花斑状，肾小管、输尿管极度扩张，管内充满白色尿酸盐。剖检死胚可见，胚胎眼部肿胀，皮下水肿，胚胎，肾及其他器官有尿酸盐沉积，畸形胚多。

【防治措施】 多喂含维生素 A 和胡萝卜素丰富的青绿饲料，冬春季多喂胡萝卜、胡萝卜缨，或是苜蓿、三叶草、紫云英、蚕豆苗等豆科绿叶，夏秋季多补充野生水草、绿色蔬菜、南瓜等。在饲料中添加适量的鱼肝油或富含维生素 A 的多维，并注意饲料贮存与保管，防止饲料酸败、发酵、产热。

当鸭群中发生维生素 A 缺乏症时，可在饲料中添加维生素 A 1 000～1 500 国际单位 / 千克或在饲料中加入鱼肝油 2～4 毫升 / 千克。由于维生素 A 在机体内吸收很快，因此患病初期治疗，疗效迅速。个别病例的治疗，雏鸭可用鱼肝油肌内注射，0.5 毫升 /

次；成年母鸭，口服鱼肝油，1～1.5毫升／日，分成3次服用。

二、维生素 D 缺乏症

本病是由于饲料中的维生素 D 缺乏或钙、磷比例失调而引起的一种代谢性疾病。鸭维生素 D 缺乏可引起体内钙、磷代谢障碍，导致骨骼病变，幼鸭常发生佝偻病，成年鸭主要表现为软骨病或骨质疏松病，产软壳蛋、产蛋减少或停止。本病还可诱发其他疾病，常给养鸭业造成一定的经济损失。

维生素 D 是动物骨骼生长和钙化所必需的一种脂溶性维生素，能提高血浆中钙、磷水平，促进机体对钙、磷的吸收，从而维持骨骼的钙化；维生素 D 具有免疫功能。

维生素 D 属固醇类衍生物，与动物骨营养密切相关的天然维生素 D 主要有维生素 D_2、维生素 D_3。维生素 D_2 来源于植物性饲料中的麦角固醇（即维生素 D_2 原），经阳光或紫外线照射后转化为维生素 D_2，即麦角钙化醇。维生素 D_3 是来源于动物皮肤中的 7- 脱氢胆固醇（维生素 D_3 原），经阳光照射后转化为胆钙化醇。

【病　因】

（1）维生素 D 是一种脂溶性维生素，主要来源一是饲料，另一是皮肤经阳光照射而合成。在舍饲条件下，尤其是育雏期间，雏鸭得不到阳光照射，必须从饲料中获得，当饲料中维生素 D 含量不足或缺乏，都可引起鸭体维生素 D 缺乏，从而影响钙、磷的吸收，导致本病的发生。

（2）饲料中合理的钙、磷比例为 2：1，产蛋期的比例为 5～6：1。鸭对钙、磷需求量大，一旦饲料中钙、磷总量不足或比例失调，则引发本病。

（3）日粮中矿物质比例不合理，或有其他影响钙、磷吸收的成分存在，如饲料中锰、锌、铁含量过高，草酸盐过多，均可抑制钙的吸收，导致本病发生。

（4）肝脏疾病以及肠道炎症均可影响机体对钙、磷以及维生素 D 的吸收，从而促进本病的发生。

【临床症状】 病雏鸭羽毛生长不良，生长缓慢，鸭喙变软，易扭曲变形，啄食困难，腿虚弱无力，走路不稳，常蹲伏，逐渐瘫痪，需拍动双翅移动身体，若不及时治疗常衰竭死亡。产蛋母鸭主要表现产蛋减少，蛋壳变薄易碎，有时可见产软壳蛋或无壳蛋，孵化率下降，最后有的完全停止产蛋。病鸭双腿无力瘫痪，有的喙及龙骨变形，长骨易折断，关节肿胀。

【病理变化】 雏鸭和育成鸭的喙部色淡、变软，腿部的骨髓腔变大。有的骨质脆，跗关节或骨端粗大。成鸭喙及胸骨变软，胸骨变形。

【防治措施】 日粮中要保证有足量的钙、磷和维生素 D_3，并注意钙、磷的比例平衡；在阴雨季节和产蛋高峰期，要补加钙、磷和维生素 D_3 制剂。

若发现鸭群患该病，要立即补充维生素 D 制剂，及时调整钙、磷含量。发病雏鸭每次喂给 1.5 万国际单位维生素 D_3，或每次口服 2～3 滴浓鱼肝油滴剂，每天 1～2 次，连用 2 天，或肌内注射鱼肝油 2 毫升。也可肌内注射维丁胶性钙注射液，1 毫升/只，每天 1 次，连用 2 天。

三、维生素 K 缺乏症

本病是由于鸭体内缺乏维生素 K 而引起血液凝固障碍的一种营养代谢病。其特征是病鸭血凝时间显著延长，甚至出血不止。

维生素 K 是鸭体内合成凝血酶原所必需的物质，可促进血液凝固，增加骨质蛋白。维生素 K 缺乏时，鸭易患出血病，血液凝固时间延长，诱发贫血症。

维生素 K 是几种与凝血有关的脂溶性维生素的总称，主要有天然的脂溶性的维生素 K_1 和维生素 K_2 以及人工合成的维生素 K_3 和维生素 K_4。维生素 K_1 是黄色油状物由植物合成的，如苜蓿、菠菜等绿叶植物。维生素 K_2 则由肠道细菌合成。人工合成的维生素 K_3 和维生素 K_4 已有水溶性的制剂。

【病　因】

（1）饲料中维生素 K 缺乏。饲料霉变，其中的真菌毒素会使维生素 K 遭受破坏；饲料中含有对维生素 K 有拮抗作用的物质，如草木樨毒，使维生素 K 缺乏；饲料中维生素 K 的添加量不足。

（2）药物及疾病影响。长期使用抗生素或磺胺类药物，抑制了肠道细菌的生长，影响维生素 K 的合成，而引起维生素 K 缺乏。有些疾病如球虫病、肠道性疾病会引起脂类消化吸收障碍，影响维生素 K 的吸收，致使维生素 K 缺乏。

【临床症状】　急性死亡的病鸭营养状态良好，突然死亡，胸、腿、翅可见出血斑。慢性病例鸭体消瘦，眼睑、皮肤干燥苍白，严重贫血，胸、腿、翅皮下有紫蓝色出血斑。病鸭受伤后血液不易凝固，有的流血不止。种鸭维生素 K 的缺乏常引起种蛋的受精率、出雏率下降，死胚蛋多。

【病理变化】　胸、腿、翅皮下及肌肉有出血斑，腺胃、肌胃、心、肝、肾等内脏出血点或出血斑，急性死亡或严重的出血的病例可见肝脏或腹腔有血凝块。肌肉颜色苍白，骨髓苍白或黄色。剖检未死病鸭血液不易凝固，

【防治措施】　饲料中的维生素 K 添加要足量，饲料要保存在干燥、不被阳光暴晒的地方。抗生素、磺胺类药使用时间不宜过长，以免影响肠道微生物合成维生素 K。做好球虫病、肠道疾病的防治工作。

鸭育雏期间饲料中维生素 K 添加量为 0.52 毫克 / 千克；若饲料和饮水中含有抗菌药物或发生球虫病、肠道疾病，维生素 K 用量可增至 1～2 毫克 / 千克。

病鸭饲料中维生素 K 用量可增至 3～8 毫克 / 千克，或内服

维生素 K_3 片，22 毫克 / 千克体重，或注射维生素 K_3 注射液，2 毫克 / 千克体重。

四、白 肌 病

白肌病是硒和维生素 E 缺乏而引起的一种营养代谢性疾病。本病的特征为喙和腿部发白，肌肉营养不良、变性或坏死。

硒作为一种必需微量元素，在动物体内具有十分重要的生理功能。主要有：防止细胞膜的脂质结构遭到破坏，保护细胞膜的完整性；在保护细胞膜免受氧化损伤方面，对维生素 E 起着补偿和协调作用；是线粒体中某些酶类的组成成分，对于由硫化物或巯基化合物所引起的肿胀有明显的抑制作用，促进抗体的形成，增强机体的免疫力。缺硒能引起动物的多种病症，如饮食性肝坏死、肌营养不良症、渗出性素质病、胰变性、桑葚心脏病等。硒的毒性很强，各种动物长期摄入百万分之五到百万分之十的硒，即可产生慢性中毒，表现消瘦贫血、关节强直、脱毛等症状。

维生素 E 又称生育酚，是一种脂溶性维生素。天然维生素 E 有 8 种，其中 α – 生育酚活性最强。维生素 E 具有抗氧化，维持机体的正常生育功能，增强免疫力的功能，是体内强抗氧化剂，与微量元素硒生物活性相似，两者在体内有协同作用。动物缺乏维生素 E 也可发生肌肉萎缩、贫血、脑软化及其他神经退化性病变。

【病　因】

（1）维生素 E 为脂溶性维生素，饲料加工调制不当，或因饲料长期储存，饲料发霉或酸败，或因饲料中不饱和脂肪酸过多等，均可使维生素 E 遭受破坏，活性消失，引发鸭维生素 E 缺乏，同时也会诱发硒缺乏。

（2）饲料搭配不当，营养成分不全。饲料中的蛋白质及某些必需氨基酸缺乏或矿物质（钴、锰、碘等元素）缺乏，以及维生素 A、维生素 B、维生素 C 等的缺乏和各种应激因素，均可诱发和加重维生素 E-硒缺乏症。

（3）环境污染。环境中镉、汞、铜、钼等金属元素与硒之间有拮抗作用，可干扰硒的吸收和利用，以及影响维生素 E 的吸收。

【流行病学】 本病在某缺硒地区常有发生，发病率较高，死亡率可达 10% 以上，4 周龄左右的雏鸭发病率最高。肉鸭的生长速度较快，对硒和维生素 E 的需要量较大，如果长时间饲喂缺硒和维生素 E 的饲料，容易导致本病的发生。

【临床症状】 病鸭厌食，采食量明显下降，羽毛逆立、松乱，身体明显消瘦，跟正常鸭相比，腿部明显变细，有严重的脱水现象，喙和腿部颜色变白，病鸭喜卧，不爱走动，部分出现腹泻，排黄绿色粪便。有的头颈部肿大，走路时头部左右摇晃，有的腹部膨大，走路时两腿向外撇开。发病后期，病鸭腿脚麻痹，不能站立，共济失调，翻滚或倒地抽搐死亡。产蛋鸭产蛋率和孵化率降低，机体免疫功能下降。

【病理变化】 病死鸭表现明显的肌营养不良，胸肌、腿肌肌肉萎缩，颜色苍白，肌肉有黄白色坏死性条纹，胸肌、腿肌有时可见明显的出血斑。有的表现渗出性素质，在头颈部、胸前、腹部等皮下有黄绿色渗出液，个别的两腿之间腹部皮下有黄白胶冻样物。有的心包内有大量的淡黄色积液，剖开病死鸭脑部，可见多数脑膜及脑回血管扩张充血，脑回变平，脑沟变浅，切开脑实质呈粥样，小脑病变尤为明显，有明显的出血及水肿。

【防治措施】 饲料应存放于通风、干燥、凉爽的地方，保存时间不宜超过 4 周，如需长时贮存，应加入抗氧化剂，以防止维生素 E 被氧化。鸭群不仅要喂全价料，还要多喂新鲜青绿饲料和谷类。鸭对硒的需要量极微，但由于我国大部分地区是缺硒地域，很多饲料的硒含量与利用率又很低，所以需要在日粮中添加亚硒酸钠，添加量为 0.2 毫克 / 千克，同时添加维生素 E，20 单位 / 千克。

对于病鸭可用下列药物治疗：在饲料中加入硒制剂和维生素 E，亚硒酸钠 0.2～0.3 毫克 / 千克和维生素 E 20 国际单位 / 千克，连用 2 周。注意亚硒酸钠的中毒剂量与正常用量很接近，极易引起中毒，添加时应将其先溶于水，按每日用量均匀喷洒在部分精料或混合料中，再逐级混合搅拌均匀。也可肌内注射维生素 E、亚硒酸钠注射剂，具体用法按说明书使用。

五、维生素 B_1 缺乏症

本病是由于维生素 B_1 缺乏所引起鸭的一种营养代谢病。临床的特征性病症是多发性神经炎。

维生素 B_1 又称硫胺素、抗脚气病素、抗神经炎素，是一种水溶性 B 族维生素，在种子的外皮和胚芽中、酵母菌中含量丰富，但一般所用的维生素 B_1 都是化学合成的产品。其主要有如下功能：维持神经组织及心肌的正常功能；参与糖的中间代谢；调节胆碱酯酶的活性；参与氨基酸代谢。

【病　因】

（1）维生素 B_1 易被氧化，不宜久贮，当饲料存放时间太长，易被破坏。

（2）鸭的某些消化道疾病会影响维生素 B_1 吸收，引起维生素 B_1 缺乏。

（3）未经煮熟的蚬、螺、蜻蜓、蚌、蜗牛等富含蛋白质的饲料含有能破坏维生素 B_1 的抗硫胺素酶，当鸭大量采食后，会引起维生素 B_1 缺乏。有些蕨类植物，含有天然的维生素 B_1 对抗物，鸭群放牧采食到这类植物后，也会引发维生素 B_1 缺乏症。

（4）当母鸭缺乏维生素 B_1 时，其所产种蛋在不同程度上缺少维生素 B_1，在孵化过程中易出现死胎，部分能孵出的雏鸭发生维生素 B_1 缺乏症。

【临床症状】　雏鸭较成年鸭易发生本病，雏鸭常在 2 周龄内突然发病。病鸭常出现神经症状，雏鸭尤为明显。病初病鸭精神沉郁，食欲不振，羽毛松乱，下痢，随后出现神经症状，两脚无力，步态不稳，身体失去平衡，行走跌跌撞撞，跌倒于地上常无法翻身站立起来，有的仰头望天，有的拐头扭颈，有的不断转圈，有的突然跳跃，呈阵发性发作，最后抽搐衰竭死亡。

【病理变化】　剖检病死鸭可见皮下呈胶样水肿，心脏萎缩，心肌变性，胃肠壁、十二指肠溃疡和萎缩，卵巢萎缩。

【防治措施】　使用全价饲料。饲料宜置于遮光阴凉处，过期的饲料不要使用。当鸭群出现消化道疾病时，要及时治疗，并补充 B 族维生素。鲜活水产品如蚬、螺、蜊蜞、蚌要煮熟后才能喂鸭。当鸭群发生本病时，在饲料中添加复合维生素 B 粉，5～10 毫克/千克。严重病例，可用维生素 B_1 注射液肌内注射，3～5 毫克/次，每天 1 次，连用 3～5 天。可用糠麸拌于饲料中，每只雏鸭每天喂 10～20 克；或用酵母片，每只每天喂 0.3～0.5 克，分 3 次拌入饲料喂给。

六、维生素 B_2 缺乏症

本病是由于鸭体内维生素 B_2 缺乏或不足而引起的一种营养代谢病。其特征性病症为生长受阻，蹼爪趾向内卷曲，瘫痪。

维生素 B_2 又称核黄素，是一种水溶性 B 族维生素，在青饲料、干草粉、酵母、鱼粉、糠麸和小麦中含量较多。成鸭胃肠道中的一些微生物能合成较多的维生素 B_2，但幼鸭的这种能力较差。在饲料配方中，维生素 B_2 需要另外添加才能满足要求。

维生素 B_2 是生物体内黄酶类辅基的组成成分，参与碳水化合物、蛋白质、核酸和脂肪的代谢，具有提高蛋白质在体内的沉积，提高饲料利用率，促进家禽正常生长发育的作用，亦具有保护皮肤、毛囊及皮脂腺的功能，还有参与维持眼的正常视觉的功能。

【病　因】

（1）鸭尤其是雏鸭，对维生素 B_2 的需求量较大，而谷类籽实和糠麸里维生素 B_2 含量不足，若只喂单一的谷粒饲料，不添加维生素 B_2，会导致维生素 B_2 缺乏。

（2）饲料存放时间过长或贮存保管不当，所含的维生素 B_2 被日光或碱性物质破坏而缺乏。饲料发霉变质，导致维生素 B_2 受破坏。

（3）鸭发生胃肠道疾病时会影响维生素 B_2 的合成和吸收。

【临床症状】　本病主要危害幼鸭，以 2 周龄内的雏鸭较为常见。成年鸭缺乏时，产蛋量减少，种蛋受精率、孵化率降低。病雏鸭精神沉郁，食欲不振，生长发育缓慢，羽毛松乱，腹泻，消瘦，贫血，不愿走动。蹼爪趾向内卷曲，不能撑开走路，常以跗关节着地走动，张翅下垂支撑以保持平衡。皮肤干燥粗糙，腿部肌肉萎缩。最后衰弱死亡或被其他鸭踩死。

【病理变化】　胃肠道黏膜萎缩，肠壁变薄，肠腔中有多量的泡沫样内容物。肝脏肿大。坐骨神经和臂神经变软且肿大明显，有的比正常的大 4～5 倍。

【防治措施】　鸭饲料中要添加足量的维生素 B_2，多喂酵母、青绿饲料等。饲料的要存放于干燥阴凉处，防止受潮发霉或被阳光暴晒。

鸭群发生维生素 B_2 缺乏时，在饲料中添加维生素 B_2，2～4 克 /100 千克，连用 7～10 天，投喂酵母、青绿饲料等。对于患病严重的病鸭，可用维生素 B_2 针剂注射或口服，每次 2～3 毫克，连用 3～4 天。

七、烟酸缺乏症

本病是由于鸭体内缺乏烟酸而引起的一种营养代谢病。其主要特征为胫跗关节肿大、腿骨内弯且短粗。

　　烟酸又称维生素 PP、维生素 B_5、尼克酸、抗癞皮病维生素。烟酸在自然界分布甚广，鱼粉、酵母、肉骨粉、玉米、大豆、麸皮、青绿饲料等动植物饲料中含量丰富。鸭的消化道内细菌能够合成部分烟酸，还可在体内将色氨酸转化为烟酸。

　　烟酸的生理功能有：是辅酶Ⅰ和辅酶Ⅱ的组成部分，参与机体碳水化合物、脂肪、蛋白质的代谢；是多种脱氢酶的辅酶；作为辅酶Ⅰ的组成部分，直接影响其在体内的含量，而体内辅酶Ⅰ的含量又可影响视黄醛向维生素 A 的转化。

【病　因】

　　（1）鸭对烟酸需要量比其他禽类都高，约为鸡的 2 倍，雏鸭对烟酸的需求量尤甚，若饲料中烟酸的添加量不足，极易引起缺乏。

　　（2）饲料中谷物原料的烟酸属于结合型，鸭一般不易吸收利用，若没有另添加烟酸，则饲料中烟酸缺乏。

　　（3）鸭能将色氨酸转化为烟酸，以玉米为主的饲料色氨酸的含量一般不高，当饲料中缺乏色氨酸时，就会造成烟酸缺乏。

　　（4）当鸭发生肠道性疾病时，会影响烟酸在肠道的合成与吸收，而使烟酸缺乏。

【临床症状】　患病雏鸭精神委顿，食欲减退，生长发育迟缓，羽毛粗乱，皮肤和脚有鳞状皮炎，跗关节肿大，腿弯曲。成年鸭羽毛脱落，关节肿大，骨短而粗，腿弯曲，产蛋量、孵化率下降。

【病理变化】　关节肿大，肌腱增粗但不脱离，这是本病与胆碱或锰缺乏症的区别之处。长骨短粗，弓形弯曲。皮肤角化过度增厚。口腔、食管内有干酪样渗出物。胃和小肠黏膜萎缩。肝脏萎缩且脂肪变性。

【防治措施】　注意饲料合理搭配，使用含有丰富烟酸的小麦、大麦、酵母菌等，同时饲料中需添加烟酸，50 毫克／千克。饲料中要有足量的色氨酸。鸭群发生肠道疾病使用抗生素治疗的同时要补充烟酸。

当鸭群烟酸缺乏时，病初可在饲料中补充烟酸，30～50 毫克 / 千克，或口服烟酸，40～50 毫克 / 只；若是关节肿大的发病后期，则治疗效果欠佳。

八、胆碱缺乏症

本病是由于鸭体内缺乏胆碱而引起的一种营养代谢病。其特征性病症是跗关节肿胀，骨短粗症，脂肪肝。

胆碱又称维生素 B_4，是一种水溶性 B 族维生素。蛋类、绿叶蔬菜、啤酒酵母、麦芽、大豆卵磷脂等富含胆碱。胆碱过量可引起中毒。饲料添加剂中常用的胆碱形式为氯化胆碱。胆碱的生理功能如下：防止形成脂肪肝；对神经冲动的传递起着重要作用；与同型半胱氨酸生成蛋氨酸，还可与其他物质合成肾上腺素等激素。

另外，胆碱与蛋氨酸、甜菜碱有协同作用，蛋氨酸和甜菜碱有代替部分胆碱的作用。当动物机体内有足够的叶酸和维生素 B_{12} 时，利用蛋氨酸和丝氨酸可合成胆碱。

【病　因】

（1）幼鸭对胆碱的需求量大，而自身无合成胆碱的功能，体内所需要的胆碱全部依赖饲料供给，若饲料中的胆碱远不能满足其需要，易出现胆碱缺乏。

（2）对鸭群投喂高能量和高脂肪日粮，使鸭的采食量降低，致使胆碱摄入量不足。

（3）叶酸或维生素 B_{12} 缺乏。胆碱的需要量在很大程度上取决于叶酸和维生素 B_{12} 的营养，研究表明，在叶酸或维生素 B_{12} 缺乏的情况下，胆碱的需要量增加。

【临床症状】　病鸭精神委顿，食欲正常，双翅下垂，蜷伏于地，不愿行走，驱赶时多以跗关节着地行走，很快伏下不走，跗关节肿胀，胫骨短粗，严重出现瘫痪，两脚呈外"八"字形伸于体侧。

【病理变化】　跗关节肿胀，周围有针尖状出血，骨骼粗短，跖骨弯曲，不能与胫骨成直线，关节软骨变形，跟腱从所附着的髁脱落。肝脏稍肿，质地脆软，触之有油腻感。蛋鸭产蛋率下降，易出现脂肪肝。

【防治措施】　在幼鸭的日粮中添加足量的胆碱（0.15%），同时可添加鱼粉、蚕蛹、肝粉、肉粉、酵母、花生饼、胚芽等富含胆碱的物质。饲料中的叶酸或维生素 B_{12} 含量保证充足。

发病初期，在饲料中添加足够量的胆碱可以治愈；一旦发生跟腱脱落，则难以治愈。

九、锰缺乏症

本病又名骨短粗病、滑腱症、脱腱症，是由于锰缺乏所引起的一种代谢病。其特征是鸭胫跖关节和跗关节粗大变宽，生长发育受阻，甚至死亡。

锰在动物体内含量虽少，但作为一种必需的微量元素，它具有十分重要的生理功能。锰是某些酶的组成成分；对骨骼形成和生长有重要的作用；对动物生殖机能、对类脂肪代谢、对碳水化合物代谢、对维生素 K 及凝血酶原生成都有影响。

【病　因】　锰是鸭必需的微量元素。鸭对锰的需要量相当高，也较为敏感。基础饲料中锰的含量低，植物饲料中离子锰和螯合锰在家禽消化道中的溶解度又低，极易造成锰的缺乏，再加上其他矿物质，如钙、磷等含量过高，会致使锰的吸收发生障碍，引起本病。

【临床症状】　幼鸭跗关节变得粗而扁平，胫骨下端与跖骨上端向外弯转，使肌腱向关节一侧滑动、脱落，腿骨变得短而粗，腿部向外扭曲，不能直立支持体重，影响采食和饮水，致使生长不良，甚至饥饿而死。跗关节皮肤厚而粗糙。产蛋鸭产蛋和孵化率显著降低，鸭胚发育异常，死胚多，雏鸭即使孵出，生长发育受阻。

【病理变化】　跗跖骨弯曲、短粗，近端粗大变宽，胫跖骨、跗跖骨关节处皮下有一方白色较厚的结缔组织。肌腱移位，从胫跖骨远端两踝滑出，移向关节内侧。

【防治措施】　本病的预防首先要调整饲料中各种必需营养物质的含量，尤其是饲料中锰、胆碱和维生素 B 的含量，雏鸭阶段每千克饲料，应含有锰 50 毫克、胆碱 200 毫克、烟酸 40～50 毫克、生物素 40～100 毫克、硫胺素 2.6 毫克、吡哆醇 10～20 毫克、叶酸 0.5～1.0 毫克、硒 0.1 毫克。钙和磷的补充不要过量，日粮中以钙含量 1.0%，磷含量 0.6% 为宜。多喂新鲜青绿饲料，要尽可能多放牧。

当鸭群发生本病时，可用 0.005% 高锰酸钾溶液饮水，连饮 2～3 天，停用 1～2 天，再喂 2～3 天，现配现用。也可在饲料中添加硫酸锰，0.1～0.2 克 / 千克。同时病雏鸭每天用复合维生素 B 溶液 0.5～1 毫升，与粉料充分混合，现配现用，连用 3 天。

第七章

鸭中毒病

一、肉毒梭菌毒素中毒

本病是由肉毒梭菌毒素所引起的鸭的一种急性中毒病，是由于鸭采食含有肉毒梭菌毒素的腐败物中毒而引发颈部肌肉麻痹，甚至死亡。

【病　因】　肉毒梭菌是广泛存在于动物尸体中的一种腐生菌，其产生的肉毒梭菌毒素毒力非常强大，它对人、畜、家禽有高度的致死性，是细菌毒素中毒力最强的一种。

【流行病学】　本病常发生于气温较高的季节，肉毒梭菌在22～37℃之间的温度环境中易生长及产生毒素。稻田四周沟壑中死亡的小鱼虾、青蛙，鱼塘、放牧的水域中腐败的动植物，很容易受肉毒梭菌的污染、寄生而腐败。鸭如果摄入了这些腐败尸肉或是含有毒素的水，就会发生肉毒梭菌毒素中毒。

【临床症状】　由于摄食的毒素量不同，鸭的出现中毒症状的时间也长短不一，摄食的毒素量大，通常在采食后几小时内发病；摄食的毒素量少些，则在1～2天内出现中毒症状。初期病鸭精神萎靡，站立不稳，行走困难，伏地瞌睡，颈部、翅膀或两脚神经麻痹，头颈软弱无力向前垂伸，两翅下垂着地，中毒严重的瘫痪，昏迷死亡。用手从头至尾部抚摸病禽的羽毛后，羽毛会呈逆向竖立。有时发生下痢，排绿色稀粪。

【病理变化】 病死鸭尸体剖检可见肺水肿、所有器官充血，有的有卡他性或出血性肠炎，其他特征性的病变不明显。

【防治措施】 及时清除放牧区域的动物尸体，避免家禽误食或误饮尸肉、尸蛆和受污染的水源及牧草。

目前对该病除了用抗毒素血清外，尚无特效药治疗。对中毒较轻的病鸭，每天灌服葡萄糖水及电解多维，连用 7～10 天。

这里要特别强调：肉毒梭菌毒素中毒的病鸭或死鸭体内含有大量毒素，人畜若食用，会引起二度中毒，所以一律不准食用，肉尸连同羽毛一律烧毁或深埋。

二、食盐中毒

本病是由于鸭摄入的过量食盐而引起的中毒症。

【病　因】 钠和氯是鸭生长发育所必需的矿物质，它们在植物性饲料中含量少，一般不能满足需要，通常以食盐的方式供给。鸭日粮中食盐含量为 0.4%。鸭对食盐的毒性作用很敏感，饲料或饮水中食盐含量过高，鸭摄入过量也会引起中毒；如饲料中的食盐达 2% 时，可使雏鸭生长发育缓慢，种鸭繁殖能力下降，蛋的孵化率降低。

【临床症状】 轻度中毒鸭羽毛松乱，食欲减少，饮水增加，排稀粪。中毒严重的鸭精神委顿，食欲废绝，不停饮水，膨大部鼓胀，口鼻有黏液流出，腹泻，不断鸣叫，站立不稳，四处冲撞，头向后仰，突然间整个身体向后翻，单腿或双腿呈划船状，呼吸困难，皮肤呈青紫色，全身抽搐痉挛，虚脱而死。

【病理变化】 嗉囊、食道中充满黏液，黏膜脱落。脑充血、出血。心包积液，心冠脂肪、心肌有点状出血。腺胃黏膜发红，有的表面形成假膜。小肠黏膜充血、出血，尤其是十二指肠呈弥漫性点状出血。肺水肿。肝脏肿大、淤血，表面盖有淡黄色的纤维素性渗出物。肾脏肿大，肾脏和输尿管有尿酸盐沉着。

【防治措施】　雏鸭对食盐特别敏感，饲料中食盐的添加量应严格控制在 0.3% 左右，而且要搅拌均匀。

当发现食盐中毒，立即停用引起食盐中毒的饲料、饮水或食物，在饮水中加入 5% 葡萄糖或 0.5% 醋酸钾饮用。对于严重中毒鸭，应适当控制饮水，每只腹腔注射 10% 葡萄糖 25 毫升，也可喂给适量的鸡蛋清或新鲜牛奶。

三、磺胺类药物中毒

本病是由磺胺类药物过量引起鸭的一种中毒症。

【病　因】　磺胺类药物是当前畜禽生产中常用的抗菌、抗原虫药物，具有抗菌谱广、价格低、使用方便等优点。家禽对磺胺类药物的敏感程度相差较大，幼鸭比成年鸭敏感，幼鸭饲料中添加磺胺嘧啶 0.25% ～ 1.5% 即可引起中毒。磺胺类药物在饲料中搅拌不均匀，易引起部分鸭中毒。用药量过大及用药时间过长，会造成中毒。

【临床症状】　急性中毒的鸭表现眼睛流泪，震颤痉挛，共济失调，呼吸困难，很快死亡。慢性中毒的鸭精神沉郁，食欲减少，羽毛松乱，饮水增加，排酱油状或灰白色稀粪。有的鸭头部肿胀，皮肤呈蓝紫色。产蛋鸭除了以上症状外，还表现为产蛋量下降，产薄壳蛋、沙壳蛋、软壳蛋。

【病理变化】　血液凝固不良，心包积液，心外膜和心肌有出血点。冠、髯、眼睑，胸部和腿部皮下均有出血斑。胸部和腿部肌肉有点状或条状出血。肝脏黄染，肿大出血，脾脏肿大出血，有坏死灶。腺胃黏膜出血，肌胃角质膜下出血。肠道有出血点或出血斑。肾脏肿胀出血，输尿管增粗内有大量白色尿酸盐沉积。骨髓色变浅，呈淡红色或黄色。

【防治措施】　使用磺胺类药物拌料时，先用少量饲料将磺胺药搅拌均匀，再加入余下的饲料逐级扩充搅拌均匀。磺胺类药物使用量要严格按照说明使用，不要盲目增加药量。磺胺类药物的使用时间一般3～5天，不宜超过7天，尤其用于幼鸭时更应注意。当发现鸭群磺胺类药物中毒时，立即停止添加磺胺类药物，在饮水中加入0.1%碳酸氢钠及5%葡萄糖，连用2～3天，同时在饲料中添加维生素K和B族维生素。连用3～5天。

四、高锰酸钾中毒

本病是由于鸭食用过量的高锰酸钾而引起的中毒症。

【病　因】　高锰酸钾既可作为消毒药，也可作外用药及微量元素补充剂，常用于鸭的饮水、饲养用具、种蛋及外伤口的消毒。当饮水中高锰酸钾浓度达到0.03%以上，对鸭的消化道黏膜有一定的刺激性、腐蚀性；浓度达0.1%时，能引起明显中毒。

【临床症状】　中毒鸭精神沉郁，卧地闭眼昏睡，呼吸困难，口流黏液，排水样粪便，驱赶时走路不稳，共济失调，严重的倒地死亡。

【病理变化】　剖检可见病死鸭口腔、舌、嗉囊及食道黏膜水肿，黏膜脱落，呈紫红色。腺胃及肠黏膜脱落、充血、出血。肝褪色呈土黄色，肾肿大。

【防治措施】　高锰酸钾饮水消毒量不能超过0.01%～0.02%，正常浓度高锰酸钾溶液呈粉红色，颜色太紫太红则可能浓度太高。配制溶液时要使高锰酸钾颗粒充分溶解后再供鸭饮用。

当发现鸭因高锰酸钾饮水中毒时，立即停饮高锰酸钾水，冲洗水管及饮水器，供给干净的饮用水，在饮水中可加入维生素C和电解多维；对重症鸭，可灌服牛奶蛋清水。

五、甲醛中毒

本病是由甲醛引起鸭的一种中毒症。

【病　因】　在家禽生产中，甲醛熏蒸消毒是一种常用和有效的消毒方法。甲醛蒸汽是一种高刺激性有毒气体。当刚出雏的雏鸭在孵化室熏蒸消毒浓度过高或时间过长，会引起甲醛中毒或当育雏室用甲醛熏蒸消毒后，室内甲醛气体未排尽，若放进雏鸭饲养，易引起甲醛中毒。

【临床症状】　中毒鸭怕光，眼睛流泪，眼睑肿胀，眼结膜炎。鼻流涕，呼吸困难，气管痉挛，排黄色或绿色稀粪，甚至昏迷死亡。中毒严重的可见双眼紧闭，喘气，伸颈，鸣叫，喙、趾呈暗紫色，倒地死亡。

【病理变化】　眼结膜充血、出血。气管出血。肺水肿。心肌出血。全身皮下、肌肉均出现不同程度的充血、出血和淤血。肾肿大出血。肠道有弥漫性出血点或出血斑。

【防治措施】　孵化房出雏鸭的熏蒸消毒要严格控制好消毒浓度和消毒时间，并要及时通风换气。鸭舍熏蒸消毒后要打开门窗，加强通风换气 2 天以上，排出残余甲醛气体，再进雏育雏。

当发现鸭甲醛中毒时，立即加强通风换气，降低甲醛气体的浓度，在饮水中加入 5% 葡萄糖供饮用，可用清水或 2% 碳酸氢钠水溶液冲洗中毒鸭的眼睛。

六、一氧化碳中毒

本病是由于鸭吸入较多的一氧化碳气体引起组织缺氧的一种中毒症。

【病　因】　煤炭在氧气不足的情况下燃烧会产生一氧化碳。在育雏室内用无烟囱的煤炉烧无烟煤保温时，最容易产生一氧化碳，造成鸭一氧化碳急性中毒，大批死亡。烧有烟煤如果烟囱堵塞、倒烟，室内通风不良，一氧化碳不能及时排出，也能造成鸭中毒。幼鸭在含 0.2% 的一氧化碳环境中 2～3 小时可中毒死亡，成鸭在含 0.3% 以上一氧化碳环境中也可发生窒息死亡。

【临床症状】 雏鸭轻度中毒时，精神呆滞，羽毛松乱，生长发育不良。严重中毒时鸭烦躁不安，打喷嚏，流眼泪，运动失调，呼吸困难，昏迷，痉挛和惊厥而后死亡。喙发绀，蹼呈樱桃红色。

【病理变化】 血管及各脏器的血液呈鲜红色或樱桃红色。肺严重贫血，色泽鲜红。心、肝、脾肿大，心包膜有出血点。黏膜、皮肤及肌肉可见充血和出血。

【防治措施】 鸭舍烧煤炭保温时要注意通风换气，要经常检查供暖设备，防止烟道漏气、倒烟，使鸭舍既保温又通风。

当发现鸭一氧化碳中毒时，要立即打开窗户，将鸭移到通风且空气新鲜的地方，中毒不深的可以很快恢复，饮水中可加入葡萄糖供饮用。

七、硒中毒

本病是由于饲料或饮水中的硒超量而引起鸭的一种中毒症。

【病　因】 硒是动物机体生长发育所必需的一种微量元素，饲料中添加适量的硒可改善家禽生产性能、肉和蛋的品质、降低应激条件下的家禽死亡率，但在补硒原料方面还较多使用无机硒——亚硒酸钠，而亚硒酸钠添加剂量与中毒剂量比较接近，容易造成家禽中毒。

【临床症状】 中毒较轻的病鸭表现为精神沉郁、食欲下降，呼吸困难，反应迟钝，消瘦，排绿色或白色稀粪。中毒较重的病鸭主要表现为精神沉郁，眼结膜潮红，食欲废绝，有的口、鼻流出砖红色液体，呼吸急促，头肿大，运动失调，离群闭目呆立，偶有甩头现象，排绿色或白色水样稀粪。

【病理变化】 剖检中毒死亡的鸭可见皮下有淤血，胸肌有出血条斑。心包积液，心脏的内、外膜有出血点、斑块。肝脏肿大、边缘钝厚、呈暗褐色，肝表面有针尖大小的出血点或黄白色坏死灶。肺水肿、气肿、局部有大量的淤血，气管内充满砖红色泡沫状液体。肌胃角质层呈土黄色，多处破溃，角质层较易剥离，角质层下有条块状出血。十二指肠黏膜弥漫性出血。

【防治措施】　严格按推荐家禽日粮中硒的需要量添加，不能超量。传统的补硒方法是在日粮中添加亚硒酸钠、硒酸钠等形式的无机硒。无机硒虽价格低廉、含硒量高，但毒性大、使用剂量难掌握，且吸收转化率低。建议使用毒性小且生物利用率高的有机硒上，现在常用的有机硒饲料添加剂原料有硒代蛋氨酸、硒酸酯多糖、富含硒蛋白的富硒植物和富硒酵母，特别是酵母硒在家禽生产中的运用受到越来越广泛的关注。

八、氟中毒

本病是鸭摄入的氟过多而引起一种累积性中毒症。鸭对氟的耐受性差，高氟饲料或饮水，对鸭的危害严重。

【病因】　氟是动物机体生命活动所必需的微量元素，能促进骨骼的钙化，提高骨骼的硬度，保证骨骼正常生长，对动物脂肪代谢及多种酶的活性也有一定作用。鸭对氟的需要量很少，一般不易缺乏，但鸭对高氟饲料敏感，且日龄越小耐受性越差。当鸭采食了添加未脱氟的磷酸盐矿石作为矿物质饲料，或饮用了含氟量高而未经处理的地下水，摄入的氟过多，在鸭体内蓄积到一定程度即可引起累积性氟中毒。

【临床症状】　中毒鸭主要表现为精神沉郁，采食量下降，腿软喜伏，喙变形，行走困难。产蛋鸭蛋壳质量下降，沙壳蛋、畸形蛋增多。

【病理变化】　中毒轻的病例无明显病变。中毒深的病例可见体瘦，骨质疏松、易折断，肋骨与软骨接合处有球状隆起。病死鸭常见肾脏苍白、肿大，输尿管中有白色尿酸盐沉积。种蛋受精率下降，死胚增多，出雏率下降。

【防治措施】 不要用未脱氟的磷酸盐矿石作为鸭饲料的矿物质添加剂。含氟量高的地下水不能供鸭饮用。

氟中毒无特效解救药，一旦发生，应立即停喂或停饮原含氟高的饲料或饮水，改用合格的饲料和饮水，同时在每吨饲料中添加硫酸铝 800 克和多维 150 克，缓解中毒，促进康复。在饮水中加入补液盐。

九、有机磷农药中毒

本病是由于鸭接触、吸入有机磷农药或误食有机磷农药污染的饮水、蔬菜、牧草及其他农作物引起的一种中毒症。

【病　因】 有机磷农药是用于防治植物病虫害及动物体内外寄生虫的一类化合物总称。有机磷农药绝大多数为杀虫剂，如常用的敌百虫及敌敌畏等，近几年来先后合成的有机磷农药还有杀菌剂、杀鼠剂等。鸭有机磷农药中毒的原因如下：①鸭采食或误食喷洒有有机磷农药的农作物、牧草及蔬菜等。②用有机磷农药（如敌百虫等）驱杀鸭体外寄生虫时，由于用药浓度过大或方法使用不当。③有机磷农药保管不当引起的环境和饮水的污染。

【临床症状】 鸭中毒后常呈急性发作，表现流涎、瞳孔缩小，运动失调，两肢麻痹，呼吸困难，有的口吐白沫，肌肉震颤，频频下痢，倒地抽搐，两脚伸直，昏迷而死，死前瞳孔扩大。

【病理变化】 剖检可见肌胃内容物有大蒜臭味，肺充血、肿胀，支气管内充有白色泡沫。肝脏、肾脏、脾脏肿大，淤血。肠道黏膜弥漫性出血，黏膜脱落。血液凝固不良。

【防治措施】 加强农药的管理，防止有机磷农药破漏而污染环境或饮水。鸭群放牧要避开喷洒有机磷农药不久的稻田、菜地。

对中毒的病鸭应及时抢救。最好能排出其食管及食管膨大部的毒物，喂服生油，并肌内注射硫酸阿托品 1 毫升（含 0.5 毫克）、解磷定 0.2～0.5 毫升（浓度为 0.4%）及 10% 葡萄糖生理盐水 2 毫升。中毒幼鸭口服阿托品，每千克体重 1 片（含 0.3 毫克），每半小时服 1 次，连用 2～3 次。

第八章

鸭常见胚胎病

在鸭病防控工作中，鸭胚胎病也是鸭病防控工作中不可缺少的一环。在鸭的饲养过程中，由于胚胎的各种疾病所引起的孵化率降低、死胚、雏鸭生长发育停滞和死亡，常造成较大的经济损失。

一、营养性胚胎病

母鸭是否用全价饲料饲养、代谢是否正常、蛋内是否全面地贮存营养物质，构成了鸭的胚胎能否正常生长发育的重要因素。任何一种因素出现问题，都有可能使胚胎出现营养性疾病，从而影响胚胎的发育，降低种蛋的出雏率，甚至导致雏鸭各种先天性疾病的发生。

1. 种鸭维生素 A 缺乏和过量 维生素 A 缺乏时，胚胎在孵化的第 1 周，血管分化和骨骼的发育受阻，头和脊柱畸形，胚胎的错位发生率增加，死胎率增加，存活的胚胎发育缓慢，胚体软弱，眼干燥、肌肉和皮下水肿，贫血。经常出现痛风，即在肾脏、肠系膜、胸膜、心包膜、卵黄囊及其他器官表面有白色尿酸盐沉积，尤其是肾肿大，肾小管充满白色尿酸盐。预防本病的方法是在母鸭饲料中补充维生素 A。在生产实践中，当发现维生素 A 缺乏症时，其添加量可增加 1 倍以上。同时要防止饲料放置过久或发霉，致使饲料中的维生素A被氧化破坏。平时在日粮中补充动物性饲料和青绿饲料。维生素A过量，可导致胚胎死亡和降低孵化率。

2. 种鸭维生素D缺乏（胚胎黏液性水肿） 对家禽来说，最重要的是维生素D_3和维生素D_2，而植物性饲料不含维生素D，但日光中的紫外线可以促使禽类（鸭主要是脚蹼）皮肤所含的7-脱氢胆固醇转化为胆固化醇，即维生素D_3，由于饲料添加维生素D_3不足或在阴雨季节和冬季，缺乏光照，饲料中又缺乏维生素D_3，常导致本病的发生。

种鸭缺乏维生素D时，母鸭产薄壳蛋和软壳蛋的数量增加，新鲜蛋内的蛋黄可动性增大。种蛋在开始孵化时胚胎发育缓慢，绒毛膜发育不良，出雏率降低。胚体皮肤出现极为明显的浆液性大囊泡状水肿，即称为胚胎黏液性水肿病，皮下结缔组织弥漫性增生。由于发生水肿，胚胎的发育受阻，出现明显的四肢骨弯曲，腿短，上颌骨和下颌骨也短，从而导致上下喙闭合不正常。在孵化早期因维生素D缺乏而死亡的胚胎，心脏发育不全。幸存而出壳的雏鸭有的出现关节变形、脑积水等症状。预防本病，应加强母鸭的饲养管理，饲料中应补充丰富的维生素D_3，在含有足量的维生素D_3的饲料中，钙和磷的比例以2∶1最适合。

过量的维生素D会使孵化率降低，长期大量使用时会引起中毒。

3. 种鸭维生素E缺乏 在一般情况下，种禽的饲料中维生素E有足够的含量，较少发生缺乏症。

缺乏维生素E的胚胎发病的特征是肢体出血、水肿、头肿大、单侧眼或两侧眼突出，晶状体浑浊，玻璃体出血，眼角膜出现云雾状斑点，甚至失明。出雏率明显降低，常在4～7天或25～28天发生胚胎死亡。存活至出壳的雏鸭出现失明、呆滞、骨骼肌发育不良，成活率降低。

缺乏维生素E的种鸭，除保证饲料中含有足量的维生素E

外，并同时添加抗氧化剂。添加适量蛋氨酸、亚硒酸钠。或在饲料中加入0.3%～0.5%豆油，也可解决维生素E缺乏的问题。

4. 种鸭维生素 B₁ 缺乏 维生素 B₁ 缺乏引起的胚胎病在鸭尤为多见，常常由于日粮不全价，缺乏糠麸，以及母鸭采食大量白蚬、虾和贝壳类水产品时，由于硫胺素酶破坏了硫胺素而造成维生素 B₁ 缺乏。当孵化到第4～5天时，胚胎发育明显减慢，逐渐衰竭，死亡增多，有的胚胎虽然已到期啄壳，却因无法出壳而死亡；有些胚胎则孵化期延长；出壳的也为弱雏或全身抽搐，角弓反张呈观星姿势等典型硫胺素缺乏症状。部分胚胎即使能出壳，在育雏期间表现出特征性神经症状并在早期陆续发病死亡。

缺乏维生素 B₁ 的种鸭群，应调整饲料的配合，增加含维生素 B₁ 较丰富的饲料，如糠麸类及青料，或每只喂给复合维生素 B 溶液0.5毫升。倘若发现刚孵出的雏鸭群中出现大批雏鸭发生维生素 B₁ 缺乏症时，可对同一来源或同一批的孵化蛋，在孵化前从气室内注入0.05～0.1毫升维生素 B₁ 溶液，有助于雏鸭顺利出壳，并可大大减少出壳雏鸭的发病率。种鸭在用磺胺药时，要同时补充硫胺素。

5. 种鸭维生素 B₂ 缺乏 维生素 B₂ 是胚胎发育不可缺少的物质，缺乏时种蛋质量下降，受精率低。种蛋入孵后，胚体有两种特征性病变：一是绒毛卷曲纠结，呈结节状，绒羽在生长过程中因皮肤发生机制性障碍，在毛囊内生长，形成以卷羽成团为特征的"火柴头状绒毛"，多在颈、下腹和肛门周围。病胚一般都能出壳，但明显较小，成活率较低。二是躯体明显短小，腿关节变形，有的趾爪卷曲。在种蛋开始入孵后的第2天、14天及20天有3个高死亡期。胚胎发育不全，生长迟缓，其18～9日胚胎与正常14～15日胚胎相似，但是胚体萎缩，胚胎多数呈侏儒状，躯体短，并有高度水肿、肝肿大、含脂高、贫血、肾脏变性、轻度短肢、关节明显变形、颈部弯曲等症状。

6. 种鸭泛酸缺乏 胚胎与生物素缺乏症状有相似之处。孵化 1 周后胚胎死亡增加。胚胎羽毛生长不良，下喙变短，脑积水。发育中的胚胎皮下出血、脂肝、皮肤水肿，有色品种的羽毛脱色或褪色。胚胎以孵化期最后 2～3 天死亡较多。泛酸对产蛋率影响不大，但对孵化率、育雏成活率影响较大。

7. 种鸭维生素 B_6 缺乏 维生素 B_6 缺乏症胚胎在入孵后第 2 周出现早期死亡。母鸭日粮中如含有棉粕、棉油、亚麻子饼粕超标，可使维生素 B_6 失活，导致缺乏症。在日粮中使用亚麻饼粕时应酌增维生素 B_6 用量。

8. 种鸭维生素 B_{12} 缺乏 维生素 B_{12} 缺乏，胚胎多死亡于入孵后 1 周及出壳前 3 天。胚胎生长缓慢，皮肤弥漫性水肿，胫骨扭曲，肌肉萎缩，多数胚胎头夹于两腿之间，水肿，鹦鹉嘴，弯趾，心脏扩大，当与蛋氨酸、胆碱和锰同时缺乏时发生骨短粗症。胚胎于孵化第 16～18 天时出现很高的死亡率。

9. 短肢性营养不良症 种蛋缺乏锰、胆碱和生物素都能引起。病胚躯体短小，下肢短而弯曲，颈部弯曲，喙呈特征性鹦鹉嘴，但骨质良好。蛋胚中的蛋白大部分没有利用，蛋黄浓稠。孵化后期少数胚胎死亡，其余孵出的雏鸭异常弱小，下肢关节，特别是飞节肿大变形，骨粗短，无饲养意义。

10. 种鸭维生素 K 缺乏 因种禽维生素 K 营养不良，导致种蛋维生素 K 不足，在入孵 18 天至出壳期间，胚胎常因各种不明出血而死亡。在胚外血管中有血凝块。在种禽的饮水或饲料中含有磺胺喹恶啉时，因能杀灭肠道中合成维生素 K 的细菌而致发病。

11. 微量元素缺乏 锌缺乏时，鸭胚骨骼异常，可能无翼和无腿，绒羽呈簇状。硒缺乏时，孵化率降低，皮下积液，渗出性素质。硒过量时（种鸭日粮高于 5 毫克／千克），可使鸭胚出现弯趾，水肿，高死亡率。

二、传染性胚胎病

蛋传染性胚胎病的病原微生物，有的是在患病或痊愈的母鸭体内，在蛋的形成过程中，以内源性途径进入蛋内；有些的则是通过破损的或无破损的蛋壳以外源性途径进入蛋内，导致胚胎病。

1. 白痢沙门氏杆菌感染　白痢沙门氏杆菌主要在蛋黄中大量存在和繁殖，因此，胚胎发育早期蛋黄即发生变性和凝聚，胚胎发育明显受阻。胚胎在孵化后期常发生大量死亡。死胚的肝、脾肿大，其心、肺、肝、脾等器官有许多细小的点状坏死病灶。从这些器官容易分离出本菌而确诊。另外，在卵黄囊、胚体和蛋黄膜上常有尿酸盐沉积，输尿管、肾、直肠和泄殖腔更多为多见。

2. 败血支原体感染　种鸭群发生本病时，种蛋带菌率较高，孵出大量带菌雏鸭，使病原广为扩散。胚胎所受损害一般比较轻，严重者在出壳时即死亡，部分胚体水肿、气管、气囊有豆渣样渗出物，肝脾稍肿大、坏死，有的腿关节化脓肿胀，心包炎，对出雏率有一定影响。

3. 曲霉菌病感染　种蛋在保存（产蛋巢、存蛋间）和孵化期间（孵房、孵化器）被霉菌污染，再加上室内通风不良，湿度较高，霉菌可由气孔侵入蛋内并在蛋内进行繁殖，在蛋壳的内膜产生黑点，导致胚胎死亡。死亡的胚胎胎膜水肿，有时见有出血，内脏器官有浅灰色小结节。许多内脏器官的表面有灰白色霉点，眼、耳、鼻孔等部位也有霉菌繁殖，造成一部分胚胎死亡、发臭。

霉菌还可以引起蛋的腐败，致使蛋的内容物出现蓝色的斑点。这种蛋在孵化后期破裂时，容易沾污同孵化的蛋，造成较大范围的污染。大量霉菌繁殖常使胚体的鼻孔和耳道被菌丝堵塞。

4. 鸭病毒性肝炎 患鸭病毒性肝炎的胚胎死亡可达 50%。死于胚龄第 10～15 日的胚胎，有点状出血和水肿，出血多见于头部和肢部，卵黄囊血管充血。死于孵化 15 日以后的胚胎，尿囊液呈浅绿色或乳白色，黏稠密而透明。有时可见两腿肌肉萎缩，头部淤血，肝肿大，呈青绿色或淡黄色，色泽不均匀而呈斑驳状。尿囊和卵黄囊血管充血。胚外膜水肿。

5. 禽脑脊髓炎 带有本病毒的种蛋在孵化的第 1 周死亡较多，在出壳前 2～3 天又出现死亡高峰期，能出壳的很快出现本病头颈震颤和共济失调特征性症状。死胚可见胚体出血，肾脏和尿囊内沉积有尿酸盐。肌肉变性、肿胀、横纹消失和发生坏死。脑组织发生软化、水肿。

三、鸭胚胎病预防原则

第一，保证种鸭的营养水平，提高种鸭的饲养管理，卫生防疫水平，提高种蛋的质量。

第二，做好种鸭的疫苗接种工作，使胚胎具有良好的发育基础。

第三，禁止用发生过急性疾病康复不久或慢性传染病的鸭所产的蛋进行孵化。

第四，做好消毒工作，严格执行孵化制度，保证胚胎健康发育。

第五，种蛋贮存好，春、秋季保存时间不宜超过 5～7 天，夏季保存时间不宜超过 3～5 天，冬季不宜超过 10 天。

第九章
其他鸭病

一、光过敏症

本病是鸭食用了含有光过敏物质，如致病性植物的叶、茎、种子等所制作的饲料或某些霉菌毒素，经阳光照射后，在无毛皮肤部位如上喙、脚蹼等处出现以水疱、硬性肿胀性皮炎、溃疡和喙部变形等症状为主要特征的中毒性疾病，又称中毒性感光过敏或光敏物质中毒。在国内，虽然本病发病较少，但一旦发生，病情严重，发展迅猛。由于本病可引起部分病鸭失明、采食困难，从而影响鸭的生长发育，特别是本病可造成上喙变形、短缩，形成大批残次鸭，再加上养殖户对此病的疏忽，往往延误了最佳治疗时间，造成较大的经济损失。

【流行病学】 该病一般在 20 日龄以后发生，光照较强、阳光充足的 5～10 月份多发。发病率一般为 20%～60%，最高可达 80% 以上，病残率高，但死亡率较低，常小于 5%，死亡者一般是营养不良的瘦弱鸭。樱桃谷、北京鸭及杂交品种等生长速度快的鸭多发。白羽肉鸭比其他羽色肉鸭易发。

【临床症状】 发病初期，病鸭表现精神不振，喜伏地，食欲明显减少，走路时摇摆不稳。部分病鸭眼结膜充血，有浆液性渗出物，分泌物干后眼睑粘连，少数病鸭甚至失明。本病特征性症状是病鸭上喙背侧首先出现局部发红，形成红斑，1～2 天后逐渐发展成水疱，水疱内有混有纤维素样黄色渗出物，鸭蹼上同时也会出现水疱。4～8天上喙和蹼上的水疱破裂后形成棕黄色结痂，8～10天痂脱落后呈棕黄色或暗红色，上喙开始逐渐变形、缩短、上翘、扭曲，重则舌尖外露，采食困难，体重变轻，有的变为僵鸭。重症患鸭由于处理不及时或不妥当，出现细菌感染，引起皮肤坏死，有的由于继发感染，出现呼吸困难、四肢无力、昏迷等症状、最后衰竭死亡。

【病理变化】　主要见于上喙和蹼的弥漫性炎症。皮下血管断端血液呈紫红色，凝固不良。膝关节部肌膜有紫红色条纹状出血斑以及胶样浸润。舌尖坏死。十二指肠有轻度炎症。心包少量积液。脾脏有少许出血点。肝脏呈棕红色，质脆，少数有大小不等的坏死点。个别病鸭小肠呈现卡他性炎症。

【防治措施】

1. 更换饲料　停喂原饲料，更换新饲料。据现有资料报道，饲料中混有大软骨草草籽是引起鸭光过敏症的主要原因，可用麦麸代替含有大软骨草草籽的次粉或啤酒渣。

2. 减少阳光照射　将鸭群安置在棚内阴凉处，减少阳光对鸭群的照射。

3. 加强营养、促进排毒、提高机抵抗力　在饲料中添加足量的多维，在饮水中可加入适量的葡萄糖、维生素C。

4. 对症治疗　对鸭上喙背面、蹼表面溃疡灶涂搽紫药水或碘甘油。对有眼炎的患鸭可用抗生素眼药水滴眼，尽量少用含氟喹诺酮类药物。

二、啄　癖

本病是鸭的一种异常行为，常造成鸭体的损伤甚至死亡。主要诱因是某些营养缺乏、饲养管理不当或某些疾病，常见的有啄羽癖、啄肛癖、啄蛋癖。

【病　原】

1. 营养原因　饲料不全价，营养不齐全，缺乏蛋白质或含硫氨基酸，氨基酸不平衡，钙磷比例失衡，硒、锌、碘、硫含量不足，维生素 A、维生素 B、维生素 D、维生素 E 和泛酸的缺乏，可引发鸭的啄羽癖、啄肛癖；饲料中食盐含量过低，饲料中粗纤维含量过低，可诱发鸭啄羽癖、啄肛癖、啄蛋癖。

2. 饲养管理原因　不同日龄的鸭混养，转群，饲养密度过大，舍内的湿度高，通风换气不良，氨气、硫化氢和二氧化碳等有害气体浓度高，光照太强、时间太长等，均可引发鸭啄羽癖、啄肛癖、啄蛋癖。

3. 疾病原因　外伤出血，产蛋期脱肛，沙门氏杆菌、大肠杆菌及禽副伤寒等导致的输卵管和泄殖腔发炎，常引发啄肛癖；患疥螨、羽虱等外寄生虫病，以及皮肤外伤感染，常诱发啄羽癖。

【临床症状】

1. 啄羽癖　常发生在雏鸭初换羽、中鸭长新羽、产蛋鸭产蛋高峰期或换羽期。鸭自啄或互相啄食彼此的羽毛，被啄鸭的背部或翅部的大部分毛根出血，羽毛稀疏残缺，大翎不同程度地被啄去几根。很多地方露出皮肤，个别鸭的翅尖出血严重。

2. 啄肛癖　主要发生在产蛋母鸭，尤其是产蛋后期的母鸭，鸭腹部韧带和肛门括约肌松弛，产蛋后不能及时收缩回去，泄殖腔外翻，造成互啄肛；有的鸭因所产的蛋太大，把肛门撑裂出血，致使其他鸭追而啄之；还有的公鸭因不能与母鸭交配，而追啄母鸭，啄破其肛门；有的疾病造成泄殖腔发炎，也诱发啄肛癖。严重的啄肛癖常啄破黏膜，将直肠啄出来，拖在地上。

3. 啄蛋癖　鸭啄食刚产下的蛋或破损的蛋。

【防治措施】

第一，根据鸭不同生长期的营养需要，喂饲不同阶段的全价料。当发现因营养方面的原因导致啄癖时，找出缺乏营养成分，并及时补充。因蛋白质不足而引起的啄癖，可添加豆粕、鱼粉、羽毛粉等；因维生素及微量元素的缺乏引起的啄羽癖，则补充多种维生素及硫酸亚铁；因换羽而引起啄羽癖的中鸭或后备鸭，可在饲料中添加石膏粉末；因缺盐引起的啄癖，可在日粮中添加适量食盐，连用3天，注意不能过量，以免食盐中毒。对于营养缺乏所引起的啄癖，只要及时补给所缺的营养成分，均可收到良好的疗效。

第二，加强饲养管理。鸭群应及时断喙，在7～14日龄，用专制的鸭电烙断喙器，将上喙剪去1～2毫米，可避免鸭的啄癖。控制好鸭群的饲养密度，控制好鸭舍的温度、湿度；鸭舍要通风换气，排出舍内的有害气体，保证舍内空气良好；制定合理的光照制度，保证适宜的光照时间和光照强度。在种鸭产蛋高峰期，勤捡种蛋，尤其要及时捡出破损的蛋。

第三，防止各种疾病的发生，如沙门氏杆菌病、大肠杆菌病等，以及疥螨、羽虱等外寄生虫病，防止皮肤外伤、感染等。

第四，淘汰或隔离被啄鸭。啄伤的伤口可用龙胆紫、碘酊、黄连素等药物涂抹。啄肛轻度受伤鸭的泄殖腔可用0.1%高锰酸钾水清洗患部，再涂以磺胺软膏或紫药水。

三、公鸭阴茎脱出

公鸭阴茎脱出俗称"掉鞭"。临床表现为阴茎红肿、结痂，脱垂于体外，不能缩回，丧失交配能力，甚至失去种用性，影响种蛋受精率，造成一定的经济损失。

【病 因】

1. 疾病原因 ①当公鸭患大肠杆菌病时，患病初期阴茎充血肿大2～3倍，表面有大小不一的黄色干酪样结节，随着病情的发展，阴茎肿大至3～5倍，表面有大小不一的黄色脓性或干酪样结节，阴茎不能缩回体内。②当公鸭在细菌污染严重的水体交配时，阴茎感染细菌发炎，会引起阴茎脱出。③公鸭在交配时，阴茎被有啄癖的鸭啄咬，受伤出血、肿胀，不能回缩。

2. 饲养管理原因 公鸭没有及时补充精料，营养缺乏，发育不良，体质较差；公鸭太老；鸭群公母鸭比例不当，公鸭过多或过少，长期滥配；光照太强或光照时间太长，促进公鸭性早熟，均会造成阴茎脱出。

3. 其他原因 公鸭与母鸭交配时，阴茎被争与母鸭交配的其他公鸭啄伤而致不能缩回。公鸭交配时，阴茎被粪便、泥沙等杂物污染，回缩困难，使阴茎脱出。因天气太冷，公鸭交配时阴茎裸露在外的时间太长而致冻伤，不能缩回。

【防治措施】 供鸭浴用的水池或池塘的水要清洁干净，最好是活水。鸭活动的地面要常冲洗、消毒。加强饲养管理，及时对种公鸭补足精料，使公鸭发育良好，有充沛的体力进行交配。制定合适的光照计划和光照时间，防止鸭性早熟。

淘汰受病菌感染而发生阴茎脱出的公鸭，淘汰群中有啄咬阴茎恶癖的鸭。

对非传染病性的阴茎脱出病鸭可隔离治疗。先将脱出的阴茎清洗干净，再用 0.01% 高锰酸钾溶液消毒清洗，再涂上医用凡士林，同时内服抗生素。

四、中　暑

中暑是日射病和热射病的总称，是鸭在外界高温或高湿的作用下，机体散热机制发生障碍，热平衡受到破坏而引发的一种急性疾病，如果救治不及时或救治措施不当，可引起大批死亡。

【病　因】 天气炎热，放牧的鸭群长时间在烈日下暴晒，或行走在炎热的地面上，易发生日射病。当鸭群长时间处在闷热不通风的鸭舍里，群体密度大，饮水不足，易发生热射病。

【临床症状】 日射病的病鸭，主要表现为烦躁不安，体温升高，战栗，随后出现昏迷、麻痹、痉挛而死亡。热射病的病鸭精神沉郁，食欲下降，翅膀张开下垂，体温高，触之烫手，呼吸急促，张口喘气，腿软无力，蹲伏，最后昏迷倒地死亡。病死鸭均较肥壮。种鸭、蛋鸭的产蛋量下降。

【病理变化】 打开脑盖骨可见大脑实质及脑膜充血、出血。心脏、心冠脂肪有喷洒状点状出血。肺高度淤血。卵泡充血、淤血。腹腔脂肪有斑点状出血。输卵管中可见待产的蛋。

【防治措施】 防暑降温是预防鸭中暑基本措施，在炎热的夏季，可用清洁的凉水喷雾降低舍内温度，根据鸭舍内温度的情况每隔2～4小时喷雾1次。增加风扇以加强舍内通风，降低舍内温度。加强饲养管理，早晨和晚上较凉爽时多添加饲料，可提高采食量，早放鸭，晚关鸭，增加中午休息时间和下水次数，给予充足清凉的饮水，同时可在日粮或饮水中加入维生素C、碳酸氢钠或其他抗热应激的电解质药物。

对于中暑的鸭，应立即将其移到有风扇吹着的阴凉处，先将病鸭放在干净的凉水中浸泡一会儿，并在翅翼部位扎针放血或在鸭脚梗充血的血管上扎针放血，同时加喂十滴水或仁丹4～5粒，中暑鸭可以很快得到康复。对于中暑而发生腹泻的病鸭，可用藿香正气水治疗，每支10毫升的藿香正气水可加入饮用水中供80只鸭饮用，每日2次，连用3天。可在饮水中加入维生素C、碳酸氢钠或其他抗热应激的电解质药物。

黄纪勇等用中药防治鸭中暑收到不错的效果。配配方为：白头翁50克，绿豆25克，甘草25克，红糖100克（100只雏鸭用量）。水煎，取汁拌料，连用2～3次。成鸭用量加倍。

五、皮下气肿

皮下气肿俗称气嗉或气脖子，是幼鸭的一种常见外伤性疾病，是由于气囊的大量气体积聚于颈部皮下所引起的皮下气肿。

【病　因】　本病多见于1～2周龄以内的幼鸭，常由于管理不当，捕捉鸭时动作粗暴，致使颈部或锁骨下、腹部气囊破裂，或是由于尖锐异物刺破气囊，或因肱骨、乌喙骨和胸骨等有气腔的骨骼发生骨折，均可使气体积聚于皮下，产生病理状态的皮下气肿，此外，呼吸道的先天性缺陷亦可使气体溢于皮下。

【临床症状】　病鸭颈部气囊破裂，颈部羽毛逆立，轻者气肿局限颈基部，严重的病例从头部到颈基部鼓气，腹部气囊破裂，气体蔓延到胸部皮下，胸腹皮下气肿，触诊时皮肤膨胀，叩诊有鼓音。病鸭表现精神沉郁，呼吸困难，如不及时将积聚的气体排出，会导致食欲废绝，衰竭死亡。

【病理变化】　病鸭剖检可见气肿的皮下充满气体，内脏器官无明显病变。

【防治措施】　捕捉或提拿鸭时要注意轻捉轻放，不要损伤气囊及肱骨、乌喙骨、胸骨。

发生皮下气肿后，可用消毒灭菌的注射针头刺破膨胀的皮肤，放出气体，且要多次放气，才能收到较好的效果。也可用烧红的铁条，在膨胀部烙个合适的小口，既能放出气体，缓解症状，又不影响鸭的健康，使之逐渐痊愈。

我国食品动物禁用的兽药及其他化合物清单

序　号	兽药及其他化合物名称	禁止用途	禁用动物
1	兴奋剂类：克仑特罗 Clenbuterol、沙丁胺醇 Salbutamol、西马特罗 Cimaterol 及其盐、酯及制剂	所有用途	所有食品动物
2	性激素类：己烯雌酚 Diethylstilbestrol 及其盐、酯及制剂	所有用途	所有食品动物
3	具有雌激素样作用的物质：玉米赤霉醇 Zeranol、去甲雄三烯醇酮 Trenbolone、醋酸甲孕酮 Mengestrol Acetate 及制剂	所有用途	所有食品动物
4	氯霉素 Chloramphenicol 及其盐、酯（包括：琥珀氯霉素及制剂）	所有用途	所有食品动物
5	氨苯砜 Dapsone 及制剂	所有用途	所有食品动物
6	硝基呋喃类：呋喃唑酮 Furazolidone、呋喃它酮 Furaltadone、呋喃苯烯酸钠 Nifurstyrenate sodium 及制剂	所有用途	所有食品动物
7	硝基化合物：硝基酚钠 Sodium nitrophenolate、硝呋烯腙 Nitrovin 及制剂	所有用途	所有食品动物
8	催眠、镇静类：安眠酮 Methaqualone 及制剂	所有用途	所有食品动物
9	林丹（丙体六六六）Lindane	杀虫剂	所有食品动物

续表

序号	兽药及其他化合物名称	禁止用途	禁用动物
10	毒杀芬（氯化烯）Camahechlor	杀虫剂、清塘剂	所有食品动物
11	呋喃丹（克百威）Camahechlor	杀虫剂	所有食品动物
12	杀虫脒（克死螨）Chlordimeform	杀虫剂	所有食品动物
13	双甲脒 Amitraz	杀虫剂	水生食品动物
14	酒石酸锑钾 Antimony potassium tartrate	杀虫剂	所有食品动物
15	锥虫胂胺 Tryparsamide	杀虫剂	所有食品动物
16	孔雀石绿 Malachite green	抗菌、杀虫剂	所有食品动物
17	五氯酚酸钠 Pentachlorophenol sodium	杀螺剂	所有食品动物
18	各种汞制剂包括：氯化亚汞（甘汞）Calomel、硝酸亚汞 Mercurous nitrate、醋酸汞 Mercurous acetate、吡啶基醋酸汞 Pyridyl mercurous acetate	杀虫剂	所有食品动物
19	性激素类：甲基睾丸酮 Methyltestosterone、丙酸睾酮 Testosterone propionate 苯丙酸诺龙 Nandrolone phenylpropionate、苯甲酸雌二醇 Estradiol Benzoate 及其盐、酯及制剂	促生长	所有食品动物
20	催眠、镇静类：氯丙嗪 Chlorpromazine、地西泮（安定）Diazepam 及其盐、酯及制剂	促生长	所有食品动物
21	硝基咪唑类：甲硝唑 Metronidazole、地美硝唑 Dimetronidazole 及其盐、酯及制剂	促生长	所有食品动物

附录 2

部分国家及地区明令禁用或重点监控的兽药及其他化合物清单

一、欧盟禁用的兽药及其他化合物清单

1. 阿伏霉素（Avoparcin）

2. 洛硝达唑（Ronidazole）

3. 卡巴多（Carbadox）

4. 喹乙醇（Olaquindox）

5. 杆菌肽锌（Bacitracinzinc）（禁止作饲料添加药物使用）

6. 螺旋霉素（Spiramycin）（禁止作饲料添加药物使用）

7. 维吉尼亚霉素（Virginiamycin）（禁止作饲料添加药物使用）

8. 磷酸泰乐菌素（Tylosinphosphate）（禁止作饲料添加药物使用）

9. 阿普西特（arprinocide）

10. 二硝托胺（Dinitolmide）

11. 异丙硝唑（ipronidazole）

12. 氯羟吡啶（Meticlopidol）

13. 氯羟吡啶/苄氧喹甲酯（Meticlopidol/Mehtylbenzoquate）

14. 氨丙啉（Amprolium）

15. 氨丙啉/乙氧酰胺苯甲酯（Amprolium/ethopabate）

16. 地美硝唑（Dimetridazole）

17. 尼卡巴嗪（Nicarbazin）

18. 二苯乙烯类（Stilbenes）及其衍生物、盐和酯，如己烯雌酚（Diethylstilbestrol）等

19. 抗甲状腺类药物（Antithyroidagent），如甲巯咪唑（Thiamazol），普萘洛尔（Propranolol）等

20. 类固醇类（Steroids），如雌激素（Estradiol），雄激素（Testosterone），孕激素（Progesterone）等

21. 二羟基苯甲酸内酯（Resorcylicacidlactones），如玉米赤霉醇（Zeranol）

22. β - 兴奋剂类（β-Agonists），如克仑特罗（Clenbuterol），沙丁胺醇（Salbutamol），喜马特罗（Cimaterol）等

23. 马兜铃属植物（Aristolochiaspp.）及其制剂

24. 氯霉素（Chloramphenicol）

25. 氯仿（Chloroform）

26. 氯丙嗪（Chlorpromazine）

27. 秋水仙碱（Colchicine）

28. 氨苯砜（Dapsone）

29. 甲硝咪唑（Metronidazole）

30. 硝基呋喃类 Nitrofurans

二、美国禁止在食品动物使用的兽药及其他化合物清单

1. 氯霉素（Chloramphenicol）

2. 克仑特罗（Clenbuterol）

3. 己烯雌酚（Diethylstilbestrol）

4. 地美硝唑（Dimetridazole）

5. 异丙硝唑（Ipronidazole）

6. 其他硝基咪唑类（Other nitroimidazoles）

7. 呋喃唑酮（Furazolidone）（外用除外）

8. 呋喃西林（Nitrofurazone）（外用除外）

9. 泌乳牛禁用磺胺类药物［下列除外：磺胺二甲氧嘧啶

（Sulfadimethoxine）、磺胺溴甲嘧啶（Sulfabromomethazine）、磺胺乙氧嗪（sulfaethoxypyridazine）]

10. 氟喹诺酮类（Fluoroquinolones）（沙星类）

11. 糖肽类抗生素（Glycopeptides），如万古霉素（Vancomycin）、阿伏霉素（Avoparcin）

三、日本对动物性食品重点监控的兽药及其他化合物清单

1. 氯羟吡啶（Clopidol）

2. 磺胺喹噁啉（Sulfaquinoxaline）

3. 氯霉素（Chloramphenicol）

4. 磺胺甲基嘧啶（Sulfamerazine）

5. 磺胺二甲嘧啶（Sulfadimethoxine）

6. 磺胺 –6– 甲氧嘧啶（Sulfamonomethoxine）

7. 噁喹酸（Oxolinicacid）

8. 乙胺嘧啶（Pyrimethamine）

9. 尼卡巴嗪（Nicarbazin）

10. 双呋喃唑酮（DFZ）

11. 阿伏霉素（Avoparcin）

注：日本对进口动物性食品重点监控的兽药种类经常变化，建议出口肉禽养殖企业予以密切关注。

四、香港地区禁用的兽药及其他化合物清单

1. 氯霉素（Chloramphenicol）

2. 克仑特罗（Clenbuterol）

3. 己烯雌酚（Diethylstilbestrol）

4. 沙丁胺醇（Salbutamol）

5. 阿伏霉素（Avoparcin）

6. 己二烯雌酚（Dienoestrol）

7. 己烷雌酚（Hexoestrol）

参考文献

［1］辛朝安. 禽病学［M］. 北京：中国农业出版社，2003.

［2］甘孟侯. 中国禽病学［M］. 北京：中国农业出版社，2007.

［3］陈伯伦. 鸭病［M］. 北京：中国农业出版社，2008.

［4］Y. M. Saif.，苏敬良，高福. 禽病学［M］. 索勋，译. 中国农业出版社，2005.

［5］朱模忠. 兽药手册［M］. 北京：化学工业出版社，2002.

［6］陈杖榴. 兽医药理学［M］. 北京：中国农业出版社，2001.

［7］焦库华，王志强，庄国宏. 水禽常见病防治图谱［M］. 上海：上海科学技术出版社，2004.

［8］程安春. 养鸭与鸭病防治［M］. 北京：中国农业出版社，2000.

［9］郭玉璞，王惠民. 鸭病防治［M］. 北京：金盾出版社，2009.

［10］张大丙. 水禽疾病的主要流行特点［J］. 兽医导刊，2016（19）.

［11］万春和，等. 鸭圆环病毒研究进展［J］. 福建畜牧兽医，2009（4）.

［12］黄瑜，等. 番鸭雏鸭坏死性肝炎（暂定名）研究初报［J］. 福建畜牧兽医，2008（4）.

［13］P. E. Kaufman. 家禽体外寄生虫的控制［J］. 中国家禽，2008（12）.

［14］陈宝秋，等. 群养肉鸭发生病毒性肝炎的诊疗［J］. 养禽与禽病防治，2007（3）.

［15］刘广红，等. 家鸭禽流感的变化特征及防控对策［J］. 中国畜牧兽医，2008（3）.

［16］郑腾，等. 我国番鸭呼肠孤病毒病的研究现状［J］. 畜牧与兽医，2005（8）.

［17］张德玉. 鸭小鹅瘟的综合防治［J］. 水禽世界，2007（6）.

［18］刘红，等. 一种新病毒性鸭病的初步研究［J］. 养禽与禽病防治，2007（6）.

［19］杨建军. 一例鸭葡萄球菌病的诊治［J］. 水禽世界，2012（1）.

［20］温伟. 一例鸭曲霉菌病的诊断及治疗［J］. 畜牧与兽医，2012（9）.

［21］单墨清. 鸭营养性胚胎病的发生原因及预防［J］. 吉林畜牧兽医，2011（10）.

［22］沈旭，等. 鸭疫里默氏杆菌病的发病特点与防治［J］. 水禽世界，2007（2）.

［23］菅永峰，等. 鸭致病性大肠杆菌的分离与鉴定［J］. 广东畜牧兽医科技，2006（2）.

［24］毕玉林，等. 雏鸭病毒性肝炎的诊治［J］. 中国畜禽种业，2012（4）.

［25］陈贵善，等. 鸭丹毒病的防治［J］. 农家顾问，2009（7）.

［26］郝菊秋. 鸭圆环病毒病的诊治［J］. 中国畜禽种业，2015，10.

［27］谢永华，等. 一起樱桃谷鸭球虫病的诊治［J］. 福建

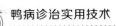
畜牧兽医，2007（1）.

[28] 潘伟华，等．高邮麻鸭绦虫病的临床诊治［J］．现代农业科技，2007（5）.

[29] 陈浩，刁有祥，等．"鸭短喙长舌综合征"初步研究［J］．山东农业大学学报（自然科学版），2015（4）.

[30] 赖瑾瑜．浅谈鸭长舌病发病因素和防控措施［J］．中国畜禽种业，2015（11）.

[31] 吴玙彤，等．鸭坦布苏病毒的研究进展［J］．兽医导刊，2015（14）.

[32] 穆兴伟．鸭病流行呈现出的新特点及预防策略［J］．水禽世界，2014（5）.

[33] 周承永，等．鸭败血支原体病的诊断与防制［J］．中国禽业导刊，2008（10）.

[34] 周宝坤，等．一例鸭光过敏症的诊治［J］．水禽世界，2007（4）.

[35] 郭文凯．鸭啄癖的发生及其防治［J］．水禽世界，2007（3）.